レイチェル・カーソンは
こう考えた

多田満 Tada Mitsuru

★──ちくまプリマー新書
241

目次 ＊ Contents

はじめに――レイチェル・カーソン、自然側の証人

アメリカの雑誌「ＴＩＭＥ（vol.153,No.12）」（１９９９年）に、20世紀に最も影響力のあった「偉大な知性（Scientists & Thinkers of the 20th century）」20組、計24人のうち、女性でただひとり、レイチェル・カーソンが選ばれています。彼女以外には、ライト兄弟、アインシュタイン、天文学者のハッブル、精神分析学者で精神科医のフロイト、ＤＮＡの二重らせんモデルを提唱したワトソンとクリックらが含まれています。

１９０７年5月27日、カーソンは、アメリカ合衆国ペンシルヴァニア州のピッツバーグを20キロほど北に行ったアルゲニー川沿いのスプリングデールで生まれました。当時、人口およそ２５００人の静かな小さな町でした。アルゲニー（Allegheny）という名前は、ネイティブアメリカンの言葉で「美しい川」という意味で、そこには美しい田園風景が広がっていました。文学と音楽を愛する母マリアは、兄姉とはやや年齢の離れた末っ子のレイチェルをことのほか可愛がり、早くから読み聞かせをしていました。それととも

に彼女は、森や野原、小川のほとりを母親とともに散歩し、自然の神秘と美しさに目をみはりながら少女時代を過ごしました。後年、彼女は母のことを、「私が知っている誰《だれ》よりも、アルベルト・シュヴァイツァー（1875－1965）の『生命への畏敬《いけい》』を体現していた。生命《いのち》あるものへの愛は、母の顕著な美点でした」と回想しています。

その後、少女時代からの夢であった作家を目指すために、ペンシルヴァニア州の女子大学に入学したものの、2年の時に必須《ひっす》科目だった生物学にすっかり惹《ひ》きつけられ、メリーランド州のジョンズ・ホプキンズ大学大学院（海洋生物学専攻）に進学しました。29歳になったカーソンは、公務員試験にトップ合格し、アメリカ内務省の漁業局（のちに魚類・野生生物局）の生物専門官に採用されます。そして、彼女は海洋生物学者として、公務員生活をつづけながら再び作家への道をたどるようになります。やがて、のちに「海の三部作」と呼ばれる、『潮風の下で（*Under the Sea-Wind*）』（1941年）『われらをめぐる海（*The Sea Around Us*）』（1951年）『海辺（*The Edge of the Sea*）』（1955年）を次々に発表し、いずれもアメリカではたいへんなベストセラーになりました。のちに彼女は、「もし私の作品に詩情があるとするならば、それは海そのものが詩である

（上）子供時代のレイチェル・カーソン（Carson family photograph/Rachel Carson Council）、（下）カーソン1951年（Brooks Studio/Rachel Carson Council）

からです」と語っています。

１９５７年、友人のオルガ・オーウェンズ・ハキンズから、殺虫剤ＤＤＴの撒布《さんぷ》による鳥への被害を訴える手紙を受け取り、それが『沈黙の春（*Silent Spring*）』（１９６２年）の執筆のきっかけとなります。『沈黙の春』の執筆にとりかかった矢先に最愛の母親が死去します。さらに晩年の５年間は、「病気のカタログ」と表現したほど矢継ぎ早に襲ってくる病魔の攻撃に耐えながら、同書の連載記事を雑誌『ニューヨーカー』に書き上げ、そのうえ産業界からの批判を受けて闘いました。この連載記事は、当時の社会に先鋭化しつつあった農薬汚染という不安な世相を見事につかみ、『沈黙の春』は一躍ベストセラーとなります。

『沈黙の春』が出版されると、環境保護運動が燎原《りょうげん》の火のようにアメリカ全土に燃え広がり、さらに世界中に及びました。そこで、当時のジョン・Ｆ・ケネディ大統領は、農薬の危険性を調査するために科学諮問委員会に農薬委員会を設置します。そして、カーソンは亡くなる前年に環境破壊（農薬汚染）に関する上院委員会の公聴会に出席し、生態系に及ぼす農薬の危険性についての証言をおこないました。「私たちが住む世界に汚染を持ちこむというこうした問題の根底には道義的責任——自分たちの世代ばかりでなく、未来の世代に対しても責任をもつこと——についての問いがあります」（講演原稿「環境の汚染」１９６３年）とカーソンは述べています。

それから現在に至るまで、『沈黙の春』はアメリカだけでなく世界の化学物質政策に大きな影響を与えています。この一冊の本が世界にどれだけ大きな衝撃を与えたかは、アメリカの歴史家R・B・ダウンズ（１９０３－９１）の『世界を変えた本（*Books That Changed the World*）』（１９７８年）27冊のうち、『聖書』やダーウィンの『進化論』、マルクスの『資本論』などの古典と並んで、最新の一冊に、最近では、池上彰の『世界を変えた10冊の本』（２０１１年）のうちの一冊にそれぞれ取り上げられていることからも理解されます。

カーソンの亡くなった翌年、友人たちによって一冊の本『センス・オブ・ワンダー（*The Sense of Wonder*）』（１９６５年）が出版されました。同書には、彼女の姪《めい》の息子であるロジャー（当時５歳）との自然体験をもとに「子ども（未来の世代）の教育に向けたメッセージ」と「わたしたちすべての人びとに向けたメッセージ」がこめられています。

その自然体験は、彼女が少女時代に母親と過ごしたスプリングデールでの体験につながっています。

「私たちのすんでいる地球は人間だけのものではない」との認識のもとに、かけがえのない生命と環境を守るための、新たな可能性の探究への努力を惜しんではならないとカーソンは述べています。かつての先進国や現在の新興国が、経済活動に邁進《まいしん》するあまり、それを支えている環境を顧みない「すごいスピードに酔うことのできる高速道路」を走ってきました。わたしたちはいまや分かれ道にいます。大阪経済大学創立70周年記念第1回高校生フォーラム『17歳からのメッセージ』で16歳の高校生は、次のような趣旨で自らの決意を述べています。

「20世紀の科学技術の乱用が生みだした問題にレイチェル・カーソンが的確な分析で警鐘を鳴らしてくれている。僕たちはこれから、強い行動力でカーソンの意思を受け継いでいかなければならない。そして、その為にこそ、21世紀に生きる僕たちの力は使われるべきだ」（稲場2003より）と。

そこで本書では、「未来の世代」に受け継いで欲しいとカーソンが考えたことを『潮風の下で』をはじめとする「海の三部作」や『沈黙の春』、『センス・オブ・ワンダー』などの作品を通して理解していきます。

まず、第1章では「海の三部作」で「無限の鎖」や「生命の織物」と考えた生命の多様性についてみていきます。カーソンは生命の多様性に「美と神秘の世界」(第4章)を見いだしています。つぎに第2章と第3章では、『沈黙の春』で取り上げた「おそるべき力」である化学物質と、それによる生態系や人間におよぼす悪影響について理解します。第4章では、カーソンのいう「センス・オブ・ワンダー」の感性と、彼女の「環境と生命」の思想について『センス・オブ・ワンダー』と『沈黙の春』からみていきます。さらに第5章では、その「環境と生命」のつながりや関係にかかわる倫理について、第6章では、カーソンのいう「べつの道」の「行きつく先」に生命をよく活かす社会について、それぞれ『沈黙の春』から考えます。

第1章　生命の織りなす多様性

「海の三部作」

カーソンはアメリカ内務省の漁業局の生物専門官に採用され、最初に与えられた仕事は、海洋資源などを解説する広報誌の執筆と編集でした。その翌年、局長のすすめによってアメリカの月刊総合誌『アトランティック・マンスリー』に送った原稿「海のなか（Undersea）」が1937年9月号に掲載されました。この短編がきっかけとなり、彼女の最初の作品である『潮風の下で』は出版されました。これにより、大学時代に生物学への途を選ぶことによって、断念した作家への途が再び開かれたといえます。

『潮風の下で』は、海辺の生きもの、大海原の生きもの、そして海底の生きものの三部からなります。「一部　海辺」では、クロハサミアジサシやミユビシギなどの海辺の鳥のことが、「二部　沖への道」ではサバの話が、「三部　生命の回遊」ではウナギのことがおもに描かれています。「二部　沖への道」では、サバはマグロに食べられ、カモメにも食べられ、マグロはシャチに食べられます。こうして「あるものは死に、あるものは生き、生命の貴重な構成要素を無限の鎖のように次から次へとゆだねていくのである」と。ニューイングランド沖にあふれるさまざまな魚をこのように描写して、そこに「生命の織物」が織り上げられているとカーソンは述べています。この「無限の鎖」や「生命の織物」という表現は、まさしく海辺の生命の織りなす多様性、すなわち生物多様性を見事に描くキーワードになっています。

デビュー作となった『潮風の下で』

次に書いた『われらをめぐる海』は、「海の伝記作家」カーソンの描いた「海の伝記」とよばれます。すなわち、地球の形成とその後の海の形成や月の形成に関する記述からはじまり、海流や特定の海域での低気圧の発生、海底火山、大漁場など、海の多様な環境のありようが描かれています。それだけではなく、雄大な海の生命力や不思議さ、美しさが、見事に表現されていて、さながら、生命あふれる海の叙事詩のようでもあります。

さらに、温かい水や冷たい水、澄んだ水、濁った水、ある種の栄養に富んだ水などが、プランクトンや魚類、クジラとイカ、鳥類とウミガメなどと「断つことのできない絆《きずな》」で結ばれているという記述や、「食物連鎖」や「生物連鎖」にかかわる記述もあります。この連鎖の考え方は、『潮風の下で』にすでにあらわれていましたが、それが『沈黙の春』では大きな役割を占めることになります。

『われらをめぐる海』の成功で経済的な基盤を得たカーソンは、1952年に公務員の職を辞し、ようやく執筆に専念できるようになりました。『海辺』では、海辺に生息する生物の形態や生態とその地質学的環境を詳細に観察し、海の多様な生命のありようを描いています。それだけでなく、海辺がいかに生命の「美と魅力に溢《あふ》れた場所」であるかについて、「私は海辺に足を踏み入れるたびに、その美しさに感動する」と述べています。

海の神秘

地球は「水の惑星」とよばれます。海洋は地球表面のおよそ70％をおおい、その平均深度はおよそ３８００ｍで、その容積は１・37×10^9 ㎦に達します。陸地の平均高度はおよそ８４０ｍであることから、陸地の生息環境のおよそ３００倍も大きいのです。たとえば、地球全体の海洋と陸地の高度の平均をとると、水深およそ３０００ｍの海洋というありようになります。「地球（earth）」とは乾いた陸地と同義語ですが、このことから、地球ではなく、むしろ「海球」とよぶにふさわしいでしょう。

カーソンは『われらをめぐる海』の出版後、アルトゥーロ・トスカニーニの指揮でＮＢＣ交響楽団が演奏したクロード・ドビュッシー（１８６２－１９１８）作曲の管弦楽曲『海』（１９０５年）のアルバム解説を依頼されました。

「海の神秘は生命の神秘そのものかもしれない――太古の海の表層に漂う、原始の原形質の一片としてはじまった生命の謎《なぞ》である。何億年もの間、すべての生命は海に棲《す》んでいた。生命の豊富さと多様さは驚くばかりに発達して、何千種類もの生物が進化し、その一部は海から陸にあがり、長い年月の末、そのまた一部が人類となった。かつて海の生物だった私たち人類は、今でも血液中に塩分を持っている。体内に海洋生活の遺産が残され、民族特有の記憶に似た、海の記憶ともいえる何かがある」（古草秀子訳）と。

このように海は、生命の誕生の場であり、多様な生物が生息していると予想されます。しかし、種のレベル、つまり総種数（種の多様性、次項）を、海洋と陸上とで比較すると、陸上の方が海洋よりも多いのです。たとえば植物は、太陽の光を求めて緑藻（藻のなかま）の一部が陸上に進出し、爆発的に適応放散（新しい環境に適応して拡がること）したもので、総種数は25万程度です。しかしながら、海洋に生息する種子植物は、アマモ（海草類）のなかまに限られます。種子植物は、6億年ほど前に地上に現れたもので、現在、海で生活しているものの祖先は、陸地から海へ帰っていったものと考えられています。

同様に無脊椎《むせきつい》動物の場合は、デボン紀に陸上に進出した昆虫のなかまが、生物種全体の7割以上を占めていますが、海産の昆虫はウミユスリカなどごくわずかです。デボン紀は、古生代《こせいだい》のなかごろで、およそ4億1600万年前からおよそ3億5920万年前までの時期。魚類の種類や進化の豊かさと、出現する化石の量の多さから、「魚の時代」ともよばれています。

しかしながら、『海辺』にみられるタマキビ（巻貝）（図1）やイガイ（二枚貝）など無脊椎動物の貝類（軟体動物）は、昆虫に次いで多様性の高い生物であるといわれます。砂浜や岩礁海岸、珊瑚《さんご》礁海岸などの生息環境の幅の広さから海洋生物ではもっとも種数が多いのです。

ところで動物をはじめ生物の分類群は、上から「界」「門」「綱」「目」「科」「属」「種」のように分かれています。たとえば、タマキビは、動物界、軟体動物門、腹足綱、盤足目、タマキビ科、タマキビ属の一種になります。

一方の脊椎動物では、魚類以外の両生類やは虫類、鳥類、ほ乳類では陸産種が海産に比べて圧倒的に多いのです。ところが、高次の分類群である門では状況が逆転します。動物界では、ほぼすべての動物門が海洋に生息しています。唯一の例外が有爪《ゆうそう》動物（カギムシの仲間）ですが、海産の化石種が知られており、地球の歴史を通じて考えれば、すべての動物門が海産種を含むといってよいのです。他方、陸産の種を含む動物門は全体の3割程度にすぎません。つまり動物の多様性は、高次分類群でみると陸上に比べて海洋の方が高いのです。

「つながり」と「個性」

生物多様性とは、あらゆる生物（種）の多様さと、それらによって成り立っている生態系の豊かさやバランスが保たれている状態（調和した状態）のことです。さらに、生物が過去から未来へと伝える遺伝子の多様さまでを含めた幅広い概念です。一言でいうと「深海から高地まで、地球上のさまざまな環境に適応したたくさんの生きものが暮らしていること」です。

その生物多様性は、「つながり（や関係）」と「個性」と言い換えることができます。「つながり」というのは、「食う（捕食者）―食われる（被食者）」関係である食物連鎖によるつながりなどの生物個体や個体群によるつながりです。あるいは、生物群集や生態系同士の相互のつながりです。さらには、地球規模の大気や水の循環などを通した大きなつながりでもあります。そのつながりは、地域を通したつながりだけでなく、世代を

図1　岩礁海岸のタマキビ3種（Carson, 1955）イワタマキビ（上)、ヨーロッパタマキビ（中)、コガネタマキビ（下)。貝殻の大きさは、それぞれ19、16-38、13.5mm。

超えた「生命《いのち》」のつながりでもあります。

5億年前のカンブリア紀に現在の海辺に生息していた無脊椎動物は著しい進化をとげ、さらにその末期から数億年にわたって生物の形態は周囲の環境によりよく適応するように進化しました。そして、原始的なグループの細分化が起こり、現在も見られるような多様な生物種が生まれたことについても、『海辺』のなかでカーソンは述べています。

つまり、この地球上には、生命が誕生して以来、およそ38億年の進化の過程を経て、現在、科学的に明らかにされている生物種がおよそ175万種、未知のものも含めると3000万種以上ともいわれる多様な生物が暮らしています。このことを「種の多様性」（いろいろな生物種がいること）といいます。

カーソンは『沈黙の春』のなかで、人間の「過去と未来をつなぐ」遺伝子に影響が及ぶことは重大であり、それは「まさに、現代の脅威といっていい。《私たちの文明をおびやかす最後にして最大の危険》なのだ」と述べて遺伝子に着目しています。

わたしたちヒト（生物種）は、人種や民族によるちがいだけでなく、わたしたちひとりひとりの顔かたちが異なるように、同じ種であってもさまざまな遺伝的性質をもつ個体がいること、つまりさまざまな「個性」をもつ個体がいることを遺伝的多様性（遺伝子の多様性、同種であってもいろいろな変異がある）といいます。

たとえば、同じゲンジボタルでも中部山岳地帯の西側と東側の個体群では、発光の周期が違うこと（地域の固有性）や、アサリ個体の貝殻の模様が千差万別なこと（個体の多様性）です。このように遺伝子が多様であれば、生息環境が変化しても、生き残れる遺伝子をもつ個体がいることで、種の絶滅の回避につながるのです。遺伝的多様性のそもそもの原因は、遺伝子の突然変異です。それは、新たな対立遺伝子（たとえば、殺虫剤に抵抗性のあるもの）をもった変異個体をつくり出すのです。

たとえば、カーソンは『沈黙の春』の中で遺伝的多様性に関して、害虫を例に説明しています。「害虫を駆除しようと大量に殺虫剤をまけば、悪い結果になるとしか予想できない。（変異個体である）強者（殺虫剤に抵抗性の対立遺伝子をもつ個体）と弱者（殺虫剤に抵抗性の対立遺伝子をもたない個体）がまじりあって個体群を形成していた代わりに、何世代かたつうちには、頑強で抵抗性のあるもの（強者）ばかりになってしまうだろう」と。すなわち、大量の殺虫剤が弱者の絶滅につながることに加えて、強者と弱者がまじりあって個体群を形成しているという「遺伝子の多様性」について述べています。

このような「つながり」と「個性」は、太古の地球に誕生した生物の長い進化の過程により創り上げられてきたものです。数え切れないほどの生物種が、それぞれの環境に応じて相互に関係を築きながら多様な生態系（自然林や里山林・人工林などの森林、湿原、河川・湖沼、サンゴ礁など）を形成しています。このことを「生態系の多様性」といいます。

いままでみてきたように、生物多様性は「種の多様性」、種内の「遺伝子の多様性」「生態系の多様性」を含む概念です。こうした側面をもつ生物多様性が、さまざまな恵みを通して地球上のすべての生物と人の「いのち」と「暮らし」を支えています。

カーソンが『沈黙の春』の中で「ひとりで存在しているものはなにもない」と述べているように、人間の生活は、多様な生物が存在してはじめて成り立つのです。生物多様性は、人間の経済と文化の活動と密接な関わりをもっています。わたしたちは、生物多様性からの恵みに支えられて生きているのです。たとえば、食料や木材、衣服、医薬品、さらに、わたしたちが生きるために必要な酸素は、植物などによって作られ、汚れた水も微生物などによって浄化されます。これは生態系のすぐれた機能です。生物多様性は、わたしたちの生活になくてはならないものなのです。すなわち、生物多様性は「人間が生きるための社会インフラ」と定義することもできるでしょう。

これら生物や生態系の機能のうち、人間が受ける恩恵を総称して生態系サービス（表1）といいます。人間は無償の生態系サービスを受けて生きています。ただし、生態系サービスは「自然の恵み」そのものであり、「サービス」には単なる経済的価値を超《こ》えた重い意味合いがあると考えられています。動物生態学者の江崎保男はそれを「生態系・いのち」と紹介しています。

さらに生物多様性とは、進化の結果として多様な生物が存在している、つまり種の多様性というだけではなく、生命《いのち》の進化という時間軸上の生物のつきることのないダイナミズムも含む概念です。この進化の過程は、ありとあらゆる生物個体に消えることのない痕跡《こんせき》を残しています。

①維持的サービス 生態系サービスのうち、すべての基盤となるもので、水や栄養の循環、土壌の形成・保持など、人間を含むすべての生物種が存在するための環境を形成し、維持するもの。
②調節的サービス 汚染や気候変動、害虫の急激な発生などの変化を緩和し、災害の被害を小さくするなど、人間社会に対する影響を緩和する効果を指す。
③供給的サービス 食料や繊維、木材、医薬品など、われわれ人間が衣食住のために生態系から得ているさまざまな恵みを指す。
④文化的サービス 生態系がもたらす、文化や精神の面での生活の豊かさを指す。レクリエーションの機会の提供、美的な楽しみや精神的な充足を与えるもの。

　このようにエネルギーや物質の循環を支えるという物理的な側面から精神や地域固有の文化に至るまで、わたしたちは生活のすみずみに生態系からの恩恵を受けていることがわかる。このうち①から③には、生物資源として、あるいは生態系機能（生態系のなかでの生物と環境との相互作用のはたらき）としての経済的価値がある。一方、④の文化的サービスには、「生物多様性には人類の精神が拠り所とする基盤のようなものが含まれている」。つまり、人類の文化を育んだ文化的価値（芸術、祭り、教育、文学、歴史観への影響など）と、人類の進化を導いた倫理的価値（美意識、情緒、倫理観などに人間の進化の過程で自然や他の生物から受けた影響など）の２つの歴史的価値がある。

表１　生態系サービスの分類　（多田 2011 より）

海辺にみる進化の過程

『海辺』の「砂浜」で「スナガニの短い一生は、生物が海から陸へと上がっていった進化のドラマの縮図である」とカーソンは述べています。スナガニの幼生《ようせい》は、卵から孵《かえ》ると、プランクトンになって海の生活をはじめ、海のなかを漂うあいだに数回の脱皮をおこなって、そのたびに少しずつ形を変えて大きくなり、そして、メガローパとよばれる幼生の最終段階に達します（図2）。

幼生は本能に導かれて海岸へ向かい、上陸を果たさなければならない運命にうまく対処する方法を、長い進化の過程で身につけています。形態を見ると、外皮が堅牢《けんろう》で体は丸く、脚はきちんと並んでたたまれて体にぴったりはまりこむようになっています（図2）。海岸にたどりつくという危険な場面でも、幼生の体はこの構造によって、波にもまれ砂にこすられても保護されるのです。このような形態が進化の過程で有利に働いたことがわかります。

魚類から両生類、は虫類、鳥類、ほ乳類など海から陸への動物の大進化は、何億年も

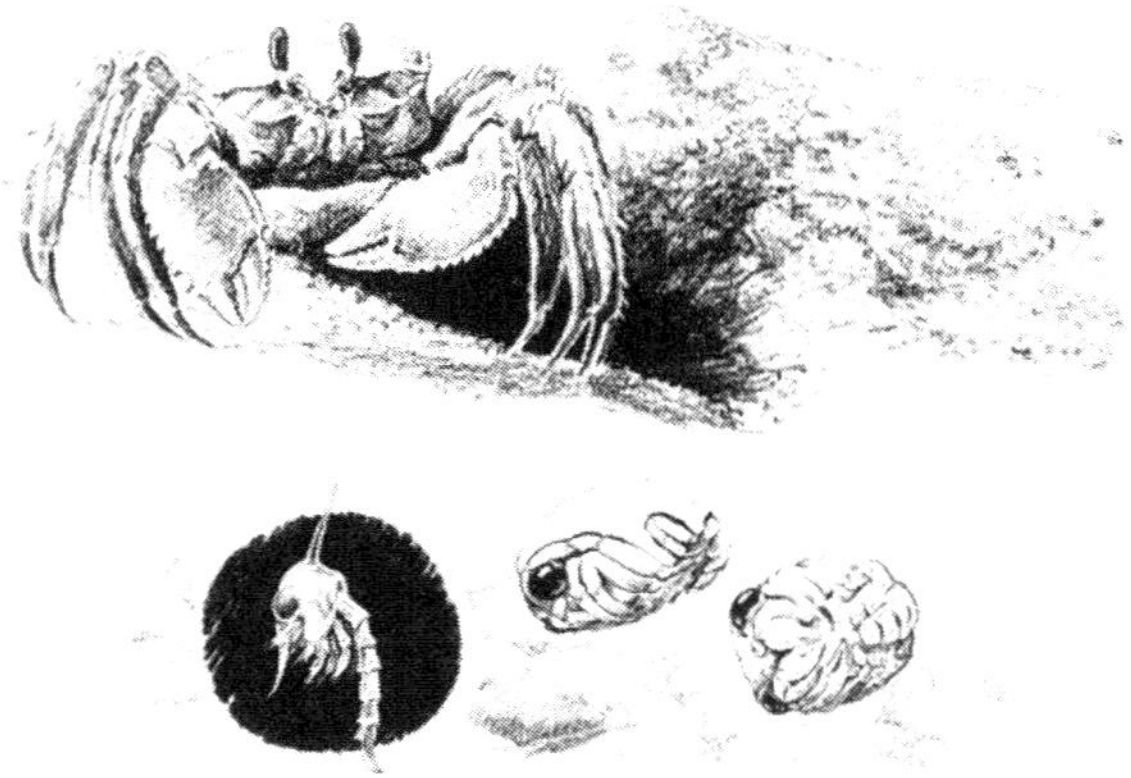

図２　スナガニ（Ocypode stimpsoni）とその幼生（Carson, 1955）
スナガニ（上）、その幼生の初期のもの（左下）とメガローパ（右下）

の過去に起こった出来事であり、いま再び、その過程を目撃することは出来ません。それに比べて「大地と海が存在するかぎり、つねに海辺は陸と水との出会いの場所であり、いまでもそこでは、絶えず生命が創造され、また容赦なく奪い去られています」とカーソンは『海辺』で述べています。

そして、海辺は、生命が出現以来今日に至るまで、進化の力が変わることなく作用しているところであるとカーソンが述べているように、まさに海辺では、一部の貝類（フジツボやタマキビなど）やカニ類などの無脊椎動物をよく観察すると、それが海から陸への進化の過程、つまり陸への適応の過程にある生物であることが目撃されます。

たとえば、（アメリカ東海岸の）ニューイングランドの海辺で見られる3種の巻貝・タマキビ（図1）の形態と生態から海の生物が陸地の居住者に変わっていく、海から陸への進化の段階を示しています。まず、コガネタマキビ（*Littorina obtusata*）は、まだ海底にいて、大気中に身をさらすことには、ごく短時間しか耐えられません。潮が引いて水面が低くなる低潮帯では、湿った海草のなかにかくれてしまいます。つぎにヨーロッパタマキビ（*L. littorea*）は、高潮のときにのみ水没するところに棲んでいることが多いのですが、海のなかに卵を隠すので、陸上動物にはまだなっていません。最後にイワタマキビ（*L. saxatilis*）は、体内で卵を孵化《ふか》させ、成長させてから外に出す胎生になることでいまやほぼ陸上動物になっています。このタマキビは2週間ごとにかれらの棲む岩を訪れる大潮で、海面が自分たちを覆ってしまっても生活できます。なぜなら、低潮帯に棲む近縁のタマキビ類と違って、鰓《えら》をもっているからです。鰓には多くの血管が通い、空気中から酸素をとりいれる肺のような機能を果たしています。このように3種のタマキビは、コガネタマキビ、ヨーロッパタマキビ、イワタマキビの順に海から陸へのそれぞれ進化の段階にあるといえるでしょう。

カーソンは、海辺を舞台に選んだ理由について『海辺』の中でこう語っています。「海辺を選んだのは、第一にそこは誰《だれ》でもが行ける場所であって、私が書いたことを鵜《う》呑《の》みにする必要がない。興味を持った人は、直接それらを見ることができる。次に海辺は陸地と海との特徴をあわせ持つ場所である。潮のリズムに従いあるときは陸に、あるときは海になる。そのため海辺は生物に対して、できる限りの適応性を要求する。海の動物たちは、海辺に順応することによって長足《ちょうそく》の進歩をとげ、ついに陸に棲むことが可能になったのである。したがって、海辺は、進化の劇的な過程を実際に観察できるところなのである」と。すなわち海辺は、生命の出現以来今日に至るまで、「進化の力」が変わることなく作用しているところであり、この進化が生物多様性の原動力になっているのです。

海辺の圧倒的な「生命力」

『海辺』の岩礁海岸に想像を絶する数の殻が集まったイガイの群れをみて、新しくできた海岸では「最初の永住者は、プランクトンを濾過《ろか》して食べるフジツボやイガイのような軟体動物でなければなるまい」とカーソンは予測します。「まさにこの生命の営みの鎖を何百万回も数えきれないほど連綿とつなぎ、壊されずに生き残ってきたことの証拠だ。……そして、海岸のイガイは人間の生涯の長さを超え、現世の地質年代を超えても全体としてつねに同じくらいの数が生き残っていくだろう」と圧倒的なまでの「生命力」をカーソンは感じます。

さらに「砂浜」で、一匹のイソギンチャクが生き残るためには何千というその幼生の命が無駄になっていることにカーソンは思いめぐらし、その膨大な数の生命の浪費に改めて心を動かされます。「ただそれだけで、圧倒的なまでの生命力を感じさせる。その力は激しく盲目的で、無意識のうちに生き残るために突き進み、拡がっていく」と彼女はいいます。

自然の変貌《へんぼう》に対してカーソンが感じた普遍の「生命力」は、生物多様性を支える「自然の力」（普遍的な真理）です。そして、無数のフジツボによって真っ白になっている岩をみて、「小さな生命が波に洗われながら、そこに存在する必然性はどこにあるのだろうか？」と彼女は問いかけます。この答えは「生物たちがどこにすむかを決めているのは、歴史性（その種がどこで進化したか、大陸移動や地殻変動）、適切な生息地の存在、そして分散である」といえます。

その分散とは、その種の生き残りをかけた手段です。カーソンが示したフジツボやイガイ、イソギンチャクの例のように幼生期の分散、および適切な生息地の存在は、生物たちがどこに棲むかに大きく影響します。海流に乗って適切な生息地にたどり着けば、生物あとはその生物の持つ「生命力」によって急速に増え続けるのです。そして、その地域

（生息地）に適応した特徴をもったグループ（地域個体群）ができあがります。

海流は、ただの水の流れではなく、無数の生物の卵や幼生を運ぶ生命の流れであり、海流が一定の道筋を流れつづけるかぎり、かなりの特有な形態の生物が生息域を拡げて、新しいなわばりを占めるようになるだろうと彼女は述べています。

そして「この壮大な移動に参加したもののほとんどに不成功が運命づけられていることは、生命の神秘の一つである。しかし、何百億という失敗の上に、ほんのわずかでも成功したものが現れたとき、まちがいなくすべての失敗は贖《あがな》われ、成功に転じるのである」と、カーソンは「砂浜」の章を締めくくります。このように海辺の生命は、物理的環境（海流）に順応する強靭《きょうじん》な力、すなわち、環境に調和した「生命力」をもっています。

「観察の人」カーソン

カーソンは徹底的に「観察の人」でした。実験室で顕微鏡をのぞくことはもちろん、外に出かけて多くの生きものを学術的に調査することまで観察を続けています。彼女を一躍有名にした「海の三部作」も、専門の海の生物をすみずみまで観察、正確に把握しているからこそ書けた傑作だといわれています。とりわけ『海辺』では、海辺の生物の分布や個体数などの生きものの生態を詳細に観察して記述しています。

「ここ数年間、私は海辺の生態学、すなわち岩礁海岸や砂浜、低湿地、干潟《ひがた》、サンゴ礁、マングローブ湿地などの、動植物の生態について研究をつづけてきました。動物と動物、動物と植物、そして動植物と周囲の自然界との関係について考えてきたのです。そうしたことをよくよく考えれば、生命の複雑さに気づかされます。そこには独自に完結している要素はなにひとつなく、単独で意味を持つ要素もありません。一つひとつが、複雑に織り上げられた全体構造の一部分なのです。なぜなら、生物は数多くの結びつきによって周囲の世界とつながっており、その結びつきは生物学にも化学にも、地質学にも物理学にも関連しています」「すなわち、海の世界の生物を理解しようと思うなら、関連するさまざまな科学に関心を持つことが欠かせないのです。海辺は自然が支配する実験室であり、そこでは生命の進化について、そして生命を持つものと持たないものとの複雑な力関係のはざまで生物が織りなす微妙なバランスについて、実験がくりかえされています」（古草秀子訳）とカーソンは述べています。

これは、のちに出版された『海辺』と同じ題名の論文「海辺（The Edge of the Sea）」（1953年）の一部分で、アメリカ科学振興協会（AAAS）のシンポジウム「ザ・シー・フロンティア」で発表されたものです。カーソンはこのなかで、「動物はどうして特定の場所に棲んでいるのか」「彼らとその生息環境を結びつけているものは何か」といった生態学的問題を検討しています。

さらに『名著選集』のためのエッセイ「生物科学について（Biological Sciences）」（1956年）のなかで、生物学とは「地球とそこに棲む生物の現在、過去、そして未来にわたる歴史」と定義しています。そして「生物学は、生きている地球に棲む、生きとし生けるものを扱う。色や形や動きに喜びを感じ、生命の驚くべき多様さを認識し、自然の美しさを楽しむことは、生物としての人類がもっている生まれながらの権利である。生物学との最初の出会いは、できることなら、野原や森や浜辺などで、自然を通じてであってほしい。そして、それを補足し確認する手段として、実験室での研究があるべきだ」とカーソンは説いています。

第2章　「おそるべき力」

「おそろしい妖怪」

アメリカの奥深くわけ入ったところに、ある町があった。生命あるものはみな、自然と一つだった。春がくると緑の野原のかなたに、白い花がかすみのようにたなびき、秋になれば、カシやカエデやカバが燃えるような紅葉を織りなし、松の緑に映えて目にも鮮やかだ。丘の森からは、キツネの吠《ほ》え声がきこえ、シカが野原のもやのなかを音もなく駆けぬけた。

道を歩けば、アメリカシャクナゲやガマズミ、ハンノキ、オオシダがどこまでも続き、野花が咲きみだれ、四季折々、道行く人の目をたのしませる。冬には枯れ草が、雪のなかから頭を出している。春と秋には、渡り鳥が洪水のように、あとからあとへと押し寄せてくる。飛び去るころになると、遠くからも大勢の人たちがやってくる。

釣りに来る人もいた。山から流れる川は冷たく澄んで、ところどころに淵《ふち》をつくり、マスが卵を産んだ。むかしむかし、はじめて人間がここに分け入って家を建てたときから、自然はこうした姿を見せてきたのだ。

これは、『沈黙の春』の冒頭「明日のための寓話《ぐうわ》」で、幼少期を過ごしたスプリングデールを憶《おも》いつつ描いたカーソンの「原風景」のようなものです。まさに生命の織りなす多様性の豊かな世界でした。

ところが、その「原風景」が一転します。「自然は、沈黙した。うす気味悪い。鳥たちは、どこへ行ってしまったのか。みんな不思議に思い、不吉な予感におびえた。裏庭の餌箱《えさばこ》は、からっぽだった。ああ鳥がいた、と思っても、死にかけていた。ぶるぶるからだをふるわせ、飛ぶこともできなかった。春がきたが、沈黙の春だった」と。

さらにカーソンは続けて「おそろしい妖怪《ようかい》が、頭上を通りすぎていったのに、気づいた人は、ほとんどだれもいない。そんなのは空想の物語さ、とみんな言うかもしれない。だが、これらの禍《わざわ》いがいつ現実となって、私たちにおそいかかるか」と。この「おそろしい妖怪」がまさしく「おそるべき力（significant power）」なのです。
カーソンは『沈黙の春』のなかで「20世紀というわずかのあいだに、人間という一族が、おそるべき力を手に入れて、自然を変えようとしている」と述べています。核の脅威である放射能あるいは放射性物質にまさるとも劣らぬ禍をもたらすものとして、農薬などの化学物質を「おそるべき力」に挙げて、その人体への危険性と環境、つまりここでは生態系に与える悪影響を指摘しています。

化学物質は、もともと自然界には存在せず、人類が19世紀半ば以降に新しく作り出したもので、化学工業で人為的に化学反応を起こさせて製造した人工の物質です。多くは、農薬のように目的をもって合成された化合物で、意図的合成物とよばれ、有機化合物がその大部分を占めます。炭素原子（C）がつらなった鎖や環《わ》（多くはベンゼン環《かん》）を基本骨格とし、これに水素（H）や酸素（O）、窒素（N）、硫黄（S）、塩素（Cl）などの原子が結合した化合物を有機化合物といいます（図3）。

人工に作り出したものなのに、自然環境にどのような影響を与えるかというような、事前の周到な検討もされることなく、ニーズに即したままに開発されてきたさまざまな問題をはらむ存在といえます。

このような化学物質の総数は、『沈黙の春』が出版された１９６２年当時はおよそ３万種、１９９０年にはおよそ１０００万種であったものが、現在（２０１５年１月）では、９１３１万種超（アメリカ化学会への登録数）。とくに近年の新規化学物質の登録増加スピードは加速度的です。毎年１０００万種程度があらたに登録されています。『沈黙の春』で「いまや、ふつうの人間なら、生命をうけたそのはじめのはじめから、化学薬品という荷物をあずかって出発し、年ごとにふえるその重荷を一生背負って歩くことになる」とカーソンが予見したことが、すでに現実のものとなっています。

世界に衝撃を与えた『沈黙の春』

農薬

カーソンは『沈黙の春』のなかで、

第二次世界大戦後に化学工業の急速な進歩により生み出された「死の霊薬（Elixirs of Death）」として、ＤＤＴ（ジクロロジフェニルトリクロロエタン、有機塩素系殺虫剤、図3のA）やパラチオン（有機リン系殺虫剤）などの殺虫剤を取り上げています。「それは、第二次世界大戦のおとし子だった。化学戦の研究をすすめているうちに、殺虫力のある化学薬品がいろいろみつかってきた。でも、偶然分かったわけではなかった。もともと人間を殺そうといろいろな昆虫がひろく実験台に使われたためだった」「《殺虫剤》と人は言うが、《殺生剤》と言ったほうがふさわしい」（カーソン）のです。つまり、農薬はもともと軍需のふり向けであったのです。

ＤＤＴは、１９３８年にアメリカで開発された有機塩素系殺虫剤で、殺虫力が強く、安価なことからかつては世界中で広く使用されました。発見者であるスイスの化学者パウル・ヘルマン・ミュラー（１８９９－１９６５）は、１９４８年にノーベル（生理学・医学）賞を与えられています。国内では、戦後、児童へのシラミやノミ対策として粉末状のＤＤＴが大量に使用されました。粉末状だと皮膚から体内へ入りにくいのです。ところが『沈黙の春』の反響もあって１９７１年から法律により使用が禁止されました。

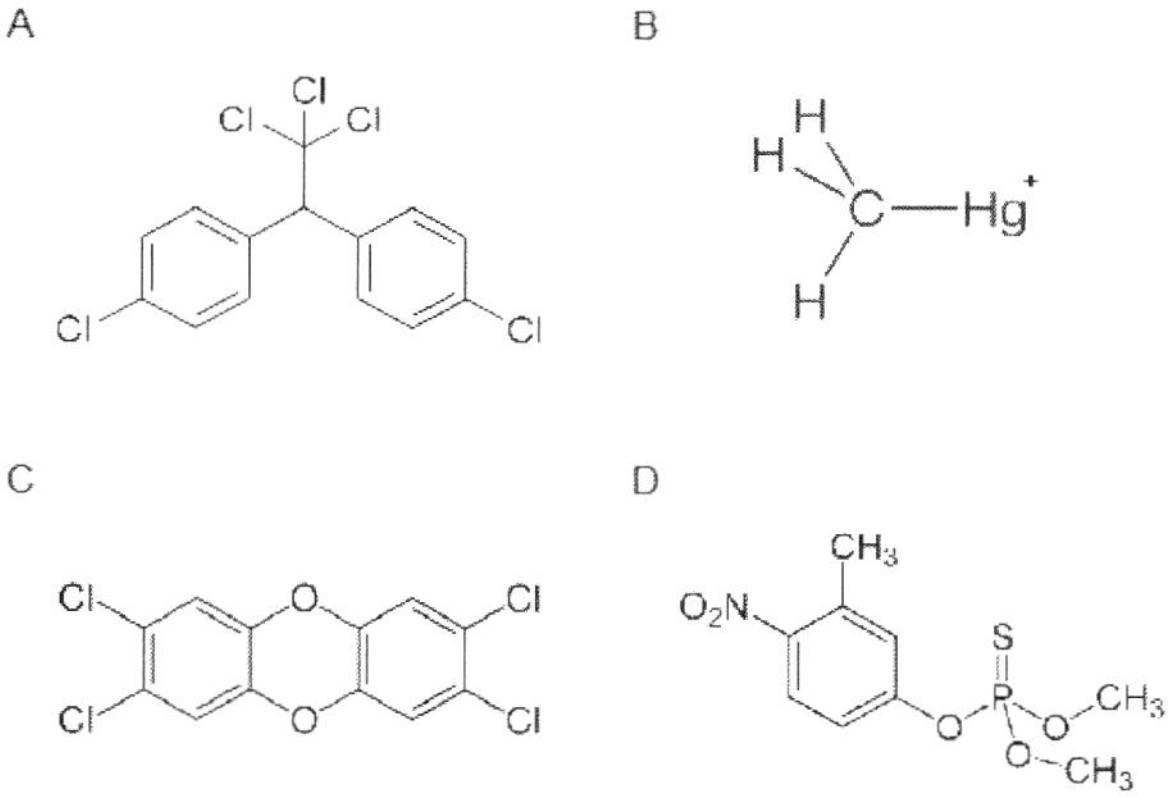

図3　さまざまな化学物質（有機化合物）の構造式（多田2011より）
A：DDT（ジクロロジフェニルトリクロロエタン、有機塩素系殺虫剤）。構造式中に塩素（Cl）を含む。B：メチル水銀。水中、ならびにヒトや動物の体内では、メチル水銀イオンの形で水に溶けた状態で存在する。構造式中に水銀（Hg）を含む。種子の農薬（殺菌剤）として使用された。水俣病の原因物質。C：2,3,7,8-テトラクロロジベンゾパラジオキシン（TCDD）。ダイオキシン類は、75種のポリ塩化ジベンゾパラジオキシン（PCDD）、135種のポリ塩化ジベンゾフラン（PCDF）、および10数種のコプラナーPCB（coplanar PCB）の総称であり、2,3,7,8-TCDDはダイオキシン類のなかでは最も毒性の強い化合物。すべて非意図的生成物。D：フェニトロチオン（有機リン系殺虫剤）。構造式中にイオウ（S）とリン（P）、窒素（N）を含む。イネのほか、果樹、野菜、茶などの害虫駆除に広く用いられる。とくに人畜毒性が弱いことが特徴である。メチル水銀以外は、炭素（C）と水素（H）からなるベンゼン環を含む化合物

一方、世界三大感染症のひとつマラリアによる死者は、アフリカなどの地域で年間50万人を越えています（2013年の患者数はおよそ1億9800万人）。マラリア原虫をもつ蚊に刺されることで生じる感染症で、DDTはその蚊の駆除のために有効とされ、それらの地域では屋内噴霧にかぎり使用が認められています（世界保健機関WHO）。

1950年代以降、このように化学合成された殺虫剤や除草剤、殺菌剤などの農薬の使用は、量的、および質的にも大きく拡大しました。そして、農業生産における省力化や低コスト化による農業生産の向上と安定のために、農薬は必要不可欠な存在といわれるまでになったのです。そのためのよい農薬とは、即効性があり、そして持続性があるということです。

まず、即効性があるためには、毒性が強くなければなりません。代表的なものでは殺虫剤であるパラチオンがあります。そして持続性があるためには、作物や土壌に長く残留すること、環境中で分解されにくいことが挙げられます。たとえばDDTがその例です。近代農業では、生産性の向上と安定のために、このような即効性や持続性のある化学農薬（前述の化学合成された農薬）が大きな役割を果たしてきました。

ところが、「DDTが市販されてから、毒性の強いものがつぎからつぎへと必要になり、私たちはまるでエスカレーターにのせられたみたいに、上へ上へととどまるところを知らずのぼっていく。一度ある殺虫剤を使うと、昆虫のほうではそれに免疫のある品種を生み出す（まさにダーウィンの自然淘汰《とうた》説どおり）。そこで、それを殺すためにもっと強力な殺虫剤をつくる。だが、それも束の間、もっと毒性の強いものでなければきかなくなる」（カーソン）のです。

1958年、アメリカ政府によるマラリア根絶プログラムでは、蚊の撲滅のためにDDTを使用した

その一方で、DDTをはじめとする農薬の環境中における生物・生態系に対する影響は、『沈黙の春』で取り上げられ、歴史的、社会的、あるいは生態学的にも注目されました。つまり、化学農薬の過度の使用により生態系をかく乱し、また残留農薬による食品安全性への危惧《きぐ》、といった人間環境への問題も引き起こし

ました。こうしたことから、毒性の弱い、残留性の低い農薬の開発が望まれるようになりました。その後、環境やヒトも含むほ乳類に対する安全性が高く、標的とする害虫や雑草、病原菌などにのみ作用する選択性の高い農薬、つまり非標的の生物には弱毒性、環境中では低蓄積性、易分解性なものに変わりつつあります。

カーソンはまた『沈黙の春』の最終章にあたる「べつの道」で、これまでの人工的に合成された化学農薬による化学的防除に代わる「生物や自然そのものにそなわる力を利用する」方法、つまり、生物的防除（生物農薬）を推奨しています。その後、天敵などの利用による生物的防除により1970〜80年代には、ブラジルの大豆畑や中国・江蘇《こうそ》州の棉畑《わた》、アメリカ・テキサス州南部の棉畑など世界の国々から化学農薬の使用量が以前よりも80〜90％減少したことが報告されています。

生物農薬とは生物を生きた状態で防除に利用するもので、ウイルスや細菌、糸状菌などの微生物を主成分とする微生物農薬ともよばれるもの、線虫を主成分とするもの、およびダニ類や昆虫を主成分とする天敵農薬ともよばれるものがあります。現在では、化学農薬では防除がむずかしい害虫に対して、数多くの生物農薬が登録されています。国内では、チャハマキ類粒病ウイルスや昆虫の病原菌（ＢＴ）、ハダニ類の天敵であるミヤコカブリダニ、アブラムシ類の天敵のナミテントウなど29の生物農薬が、殺虫剤のうちでもっとも多く登録されています。このうち外来種については、国外での分布拡大状況や国内での生態系への影響はないかを事前に調べる必要があります。

放射線と放射能

『沈黙の春』には、農薬以外にも放射線や放射能についての記述がでてきます。なかには、ヒロシマの被爆者に関することや、ビキニの核（水爆）実験で被災した久保山愛吉氏のこともでてきます。

「広島の原爆で生き残った人たちは、放射線をあびてからわずか3年後に白血病が発生している」と。また、放射能の死の灰ではなかったが、化学物質の塵《ちり》（ＤＤＴと同じ有機塩素系殺虫剤のＢＨＣの粉末）によって命を奪われたスウェーデンの農夫の例を挙げて、「マグロ漁船第五福竜丸の乗組員久保山氏の数奇な運命をまざまざと思い出させる」とカーソンは述べています。

人類がはじめて海洋における大規模な放射能汚染に遭遇したのは、ビキニ水爆実験でした。それは、１９５４年に太平洋マーシャル諸島ビキニ環礁を中心にアメリカがおこなった６回（ブラボー、ロメオ、クーン、ユニオン、ヤンキー、ならびにネクター）の核実験のことです。初回に使用された「ブラボー」は、広島型原爆の１０００倍の威力とされています。火球は直径５km、太陽表面の２倍の１万２０００℃。第二次世界大戦総爆発量の５回分の爆発でした。飛び散ったサンゴの粉が放射能の「死の灰」（放射性降下物）となって降り注いだのです。東方およそ１６０kmの危険区域外にいた第五福竜丸が「死の灰」を浴びて被ばく。乗組員23人のうち無線長の久保山氏（当時40歳）が急性放射能障害により半年後に亡くなりました。漁獲物（マグロなど）が廃棄されるなど日本船は広範囲で被災。５５０隻程度が被災し、およそ1万人が影響を受けたとみられています（厚生労働省）。

その後、広島、長崎に続く「第三の被ばく」として原水爆の禁止を求める署名運動が起こり、全国で３２００万人もの人びとが署名しました。１９５５年8月に広島で第１回の原水爆禁止世界大会が開かれ、反核運動の原点となりました（以後、毎年開催）。

「核実験で空中にまいあがったストロンチウム90は、やがて雨やほこりにまじって降下し、土壌に入りこみ、草や穀物に付着し、そのうち人体の骨に入りこんで、その人間が死ぬまでついてまわる。だが、化学物質もそれにまさるとも劣らぬ禍《わざわ》いをもたらすのだ」とあるように、「放射線によって生物や生態系に影響がでることはいうまでもないが、農薬もそれ以上に影響を及ぼすのだ」とカーソンは警告しています。

ストロンチウム90はストロンチウムの中でも質量数90のもので、放射性物質の1種です。半減期はおよそ29年で体内に入ると骨に蓄積し、放射線を出し続けて骨のがんや白血病を引き起こすおそれがあります。『沈黙の春』出版当時、放射線の突然変異作用による人体、つまり生命の核である遺伝子への影響については、核兵器の使用や核実験により専門家のみならず多くの人が知るところでした。それに対し、農薬のような化学物質の影響については、まだあまり知られていなかったのです。

そこで、このような状況をふまえて「汚染といえば放射能を考えるが、化学物質は、放射能にまさるとも劣らぬ禍いをもたらし、万象そのもの――生命の核そのものを変えようとしている」と遺伝子に突然変異作用のある一部の農薬（ヒ素やジニトロフェノールなどの除草剤）の危険性を、カーソンは『沈黙の春』のなかで説いたのです。『沈黙の春』のテーマは、化学物質の問題ですが、1960年代初頭という時点で、放射能と同様に化学物質の問題を現代の深刻な問題だと捉《とら》え、「こういうことこそ人類全体のために考えるべきであろう」と説いたのです。

その中扉にあるように、「アルベルト・シュヴァイツァーは言う――《人間自身がつくり出した悪魔が、いつか手におえないべつのものに姿を変えてしまった》」のです。この言葉は、1957年4月23日、ノルウェーのオスロ放送局から世界に発せられたシュヴァイツァーの『核実験禁止アピール』に基づくものと言われています。彼女は、放射性物質と化学物質の生命に及ぼす悪影響の共通性を認め、放射性物質の有害性にいち早く警鐘を鳴らしたシュヴァイツァーに深い敬意を表して『沈黙の春』を捧げています。

「発癌物質の海」

「地上に生命が誕生して、太陽やあらしや地球の原始物質からでてくる力にいやでも直面するようになったとき、もうがんと生物との戦いは自然そのもののなかではじまっていたにちがいない」（カーソン）のです。たとえば、場所によっては、危険な放射線を出す岩石や、すべての生命のエネルギー源である太陽光線にも、有害な短波放射線（紫外線）がひそんでいて、生命を傷つけたのです。また、土壌や岩石からヒ素が洗い出されて水を汚染することもあったのです。つまり、生命が誕生するまえから発がんのもとになる危険な放射線や化学物質はあったのです。しかし、人間が現われ事態は変わりました。というのは、人間はほかの生物と違って、発がん物質をみずから作れるからです。そして、「おそるべき力」をもった化学物質が、わたしたちにおそいかかるようになったのです。

後述しますが、がんとは死に至る病の一つと考えられます。現代人の死亡原因の約3割ががんと考えられているためです。

ロンドンの医者パーシヴァル・ポットが、煤《すす》ががんの原因になることを唱えたのは1775年のことです。19世紀以降、工業の発達によるがん発生の化学的因子がいろいろ発見されました。「20世紀になると、無数の化学的発癌物質があらわれ、い

アルベルト・シュヴァイツァー

やがおうでも毒にとりかこまれて生活しなければならなくなった」「私たちみんなが《発癌物質の海》のただなかに浮んでいる」とカーソンは警告しています。もちろんすべての化学物質に発がん性が確認されているわけではありません。化学物質（化学的発癌物質）による発がん（化学発がん）は、おもにDNAの障害によるものだと考えられています。この考えは、多くの発がん物質が、理論的には超微量でも細胞内のDNAに損傷を与え、化学発がんや遺伝子変異、染色体異常などの原因になる可能性をもつことに基づいています。

正常な細胞ががん化する原因の多くは、細胞増殖の制御に関与する遺伝子に突然変異が起こり、細胞増殖の調節機能が異常になることです。このような突然変異を引き起こす性質をもった化学物質を変異原物質とよびます。これら化学物質によるがん化の作用は化学発がんとよばれ、そのような作用を示す化学物質は、総称して発がん物質とよばれます。

化学発がんは、少なくとも三つの段階、すなわちイニシエーション（発がん開始）、プロモーション（発がん促進）、およびプログレッション（発がん完成）をへて進行（がん化）することが知られています。それぞれに発がん物質が関与しています。なお、変異原性があるものとしては、化学物質以外にもカーソンがその危険性を指摘した放射線やウイルスなどがよく知られています。

これまでに国際がん研究機関（ＩＡＲＣ）などによって、およそ４００種の化学物質が発がん性を示すことが確認されています。また疑わしいものを含めると、この数はのべ６００～８００種におよびます。ＩＡＲＣは、ヒト（生物種としての人）に対する発がん性を重視する立場からその指定基準を次の四つのグループに分類しています。

1　ヒトに対する発がん性が十分に確かめられている

2A　ヒトに対する発がん性がある程度確かめられているとともに、動物実験でも発がん性が十分に確かめられている

2B　ヒトに対する発がん性がある程度確かめられているかまたは、動物実験で発がん性が十分に確かめられている

3　ヒトに対する発がん性の疑いがある（動物実験で発がん性がある程度確かめられて

いるケースがこのグループのおよそ4割を占める）

グループ1（およそ30種）は、疫学的なデータによってヒトに対する発がん性が十分に確かめられたものです。疫学は、人間集団を対象として、公害など広く健康を損ねる原因などを研究対象とします。このグループには、建築材料やビニル床タイル、ペイント塗料等に使われるアスベスト（石綿）やダイオキシン（図3のC）、プラスチックの原料となる塩化ビニル、地殻中に広く分布し、地下水などに含まれる元素であるヒ素、ベンゾ［a］ピレン（ディーゼル排気やタバコの煙に含有）、カドミウム、クロムなどが含まれます。

グループ2Aと2B（合わせておよそ250種）は、ヒトに対して発がん性を示す可能性が高いものです。グループ2Aがグループ1により近いことはいうまでもありません。グループ2Aには、工業化の際の絶縁体や溶剤などに用いるPCB（ポリ塩化ビフェニル）の他にクリーニングや金属の洗浄剤のテトラクロロエチレン、家具や建築資材、壁紙を貼るための接着剤、塗料などに含まれ社会問題（シックハウス症候群）にもなったホルムアルデヒドなどが含まれます。ＰＣＢは、１９５０年代以降、難燃性で、電気絶縁性や熱安定性が高いことから、コンデンサーオイルやトランスオイル、感圧紙、熱媒体など多くの用途に利用されましたが、国内では１９７４年から製造・輸入・使用が事実上禁止となりました。また2Bには、ＤＤＴやパラジクロロベンゼン（衣料用防虫剤）、ＤＤＶＰ（ジクロルボス、有機リン系殺虫剤）、クロロホルム（吸入麻酔薬）、メチル水銀、鉛などが含まれます。

さらにグループ３（およそ４００種）は、ヒトに関するデータもマウスやラットなどによる動物実験のデータも不十分ですが、やはりヒトに対する発がん性の疑いを示すものです。このグループに属する化学物質のうち、およそ１５０種については動物実験で発がん性がある程度確かめられています。これには、自動車の排気ガス等で大量に排出される二酸化イオウやマラソン（有機リン系殺虫剤）などが含まれます。

環境ホルモン

発がん物質と共に現在問題視されているのは環境ホルモンです。

アメリカの生物学者シーア・コルボーン（1927－2014）らは『奪われし未来』（1997年）で、「人体に及ぼす化学物質の影響については、発がん性だけでなくホルモン作用のかく乱ということにも目を向けなければならない」「ホルモン作用かく乱物質は、生殖能力や発育を知らず知らずのうちに蝕《むしば》んでいる」と述べています。

しかしじつは、カーソンもまた、アメリカの象徴であるハクトウワシと春告鳥で知られるコマツグミ（図4）の生殖能力や発育へのDDTによる影響について警告しています。『沈黙の春』のなかで、「この十年間のうちに、ワシの個体数はおそろしく減少した。調査してみると、ワシの環境に何か原因があって、生殖能力を大きく破壊しているのではないかと思われる」「コマツグミの生殖能力そのものが破壊されている――。《たとえば、コマツグミでもまたほかの鳥でも、巣をかけるが、卵を産まないことがある》」と、すでにDDTのホルモン作用のかく乱に結びつくような生殖能力や発育への影響に気づい

図4　コマツグミ（*Turdus migratorius*）スズメ目ツグミ科ツグミ属に分類される鳥。渡り鳥である。日本ではツグミ属の鳥が12種も記録されており、繁殖する鳥もそのうち5種におよんでいる。ところが、広大な北アメリカには、アメリカ人がロビン robin とよぶコマツグミが繁殖するだけである。そのためか、この鳥は北アメリカの人びとに最も親しまれており、大都会の公園や庭先から、低い山の林にかけて数多く生息する。巣は木の枝や藪のなか、草の根元近くにもつくられる。さえずりは日本のアカハラ（大型のツグミ）に似た「キョロン、キョロン、チュリリ」といった、ほがらかな大声である。形態：全長約25-28cm 、体重約77g

ていたのです。

　ホルモン作用のかく乱とは、化学物質が生体内で内分泌系のはたらきに悪影響をおよぼす作用のことです。内分泌系とは、ホルモンを作る腺《せん》や細胞の系で、ホルモンを血液中に直接分泌し、ホルモンは体中の組織や器官に移動します。内分泌系は、成長、性発達、睡眠などのさまざまな生命活動を調節しています。内分泌をかく乱させる物質、すなわち内分泌かく乱化学物質は、一般に「正常なホルモンの産生や分泌、輸送、代謝、排出、レセプター（ホルモン受容体）への結合や作用などを阻害し、それを通じて生体に健康障害をもたらす外来性の化学物質」（環境省）と定義されています。このような化学物質を「環境ホルモン」とよびます。環境中のＤＤＴなどの内分泌かく乱化学物質が、ホルモンのようにふるまうことによって、野生生物に健康障害をもたらす場合が多く知られています。

　これまでに内分泌かく乱性が知られているか、疑われている環境ホルモンの多くは、ＤＤＴをはじめとする農薬です。ほかにもビスフェノールＡなどの樹脂の原料やプラスチックの製造に用いられるフタル酸エステル類、洗剤などに使われる界面活性剤の原料であるノニルフェノール、ＰＣＢ、船底塗料や漁網などに含まれる有機スズ化合物、ダイオキシン類、鉛やカドミウム、水銀などの重金属が含まれます。

複合汚染

『沈黙の春』で取り上げられたＤＤＴをはじめとする農薬やＰＣＢなどの工業製品、医薬品、食品添加物、化粧品、洗剤、溶剤（塗料など）、プラスチック、合成ゴム、合成繊維など化学物質を原料にした商品やそれらの特性を利用した商品が身の回りに溢《あふ》れています。これら工業的に生産される化学物質は、１９７０年代半ばには、世界全体でおよそ6万種、現在では、およそ10万種。年間１０００トン以上生産されるものは５０００種程度とされています。このような化学物質は、製造・運搬・貯蔵・使用の過程でその一部が環境中に出ていくことで、いまや地球上のあらゆるところにその汚染が拡がっています。産業活動をおこなっている地域はもとより、おおよそ人間活動のない南極の氷からさえ微量のＤＤＴや鉛などが検出されています。

「人間は自然界の動物と違う、といくら言い張ってみても、人間も自然の一部にすぎない。わたしたちの世界は、すみずみまで汚染されている。人間だけ安全地帯へ逃げこめるだろうか」とカーソンは警告します。まさに多種多様な化学物質に汚染された「複合汚染」の世界にわれわれは生きているのです。

カーソンは『沈黙の春』のなかで、「化学薬品は、たがいに作用しあい、姿をかえ、毒をます」と、化学物質の複数の相互作用により毒性が強くなるという相乗効果を予測しています。つまり、「原子炉、研究所、病院からは放射能のある廃棄物が、核実験があると放射性降下物が、大小無数の都市からは下水が、工場からは化学薬品の廃棄物が流れ込む。それだけではない。新しい降下物――畑や庭、森や野原にまきちらされる化学薬品、おそろしい薬品がごちゃまぜに降りそそぐ――それは放射能の害にまさるとも劣らず、また放射能の効果を強める」「だが、こうしたことはほとんど知られていない」と。

一方、作家である有吉佐和子は『複合汚染』（1975年）で、このような化学物質の相互作用による相乗効果的な複合汚染の影響をリアルに描いています。たとえば国内ではDDTよりも多く使われていたBHCと水銀農薬の相乗効果を取り上げています。また、「私たちはいま、一日に何百種類の化学物質、つまり農薬や添加物の入った食品を食べ、排気ガスや工場の煙で汚染された空気を吸って生きている」ことが「人類にどんな影響を与えるかについて、全世界の科学者にはまだ何も分かっていない」と。同書は、そのころ、食品の化学物質汚染が問題になっていた日本社会に大きな影響を与えました。

有吉はカーソンの『沈黙の春』を「最初に激しい警告を発したのは、アメリカの海洋生物学者レイチェル・カースン女史であった。名著『サイレント・スプリング』がニューヨーカーという雑誌に発表されたのは1962年だった」と紹介しています。そして多くの日本人が、『複合汚染』によって生態系や「化学物質の終着点」である人体がどのように化学物質によって汚染されていくのかを知るところとなりました。

化学物質のなかには、大人や子どもの食事から取り込まれるだけでなく、母乳から乳児へ移行するものもあります。さらに母胎のへその緒の中からも、DDTやPCB、ビスフェノールA、鉛など多数の環境ホルモンが検出され、これらの化学物質が胎盤を経由して胎児に移行することが知られています。まさに「複合汚染」の世界において「いまや、人間という人間は、母の胎内に宿ったときから年老いて死ぬまで、おそろしい化学薬品（化学物質）の呪縛《じゅばく》のもとにある」（カーソン）のです。

公害と環境問題

では、わたしたちの人体は、普段の生活のなかで化学物質にどのように曝《さら》されている、つまり曝露《ばくろ》されているのでしょうか。化学物質のヒトおよび環境への曝露ルートは、直接人間曝露（DHE）、直接環境曝露（DEE）、ならびに一般環境曝露（GEE）の大きく三つに分けることができます（図5）。

DHEはさらに経口と経皮、吸入に分類されます。たとえば、色素や保存料を含む食品を食べることは、経口ルートのDHEです。家庭で殺虫剤などのエアロゾールを噴霧したり、工場で有機溶媒を用いてこれを吸い込むことは、吸入ルートのDHEになります。このほか、湿布薬が皮膚から吸収されるのは、経皮ルートのDHEの例です。

一方、除草剤などの農薬を環境（たとえば水田）に直接散布することはDEEです。野外で直接用いられる農薬やVOC（揮発性有機化合物）などの化学物質は大気中に拡散します。VOCは、トルエンやキシレン等の揮発性を有する有機化合物の総称で、1

００種以上の物質があります。塗料、インク、溶剤（シンナー等）などに含まれるほか、ガソリンなどの成分になっています。

ＤＤＴなど過去に使われた農薬に由来する水銀やカドミウム、電池などに由来する鉛などの重金属、ＰＣＢは、とくに水田や土壌、底土（川底や湖底、海底）に広く蓄積しています。また、福島第一原発事故により放出された放射性セシウムの土壌や底土（首都圏では千葉県手《て》賀《が》沼《ぬま》などで比較的高濃度）への蓄積が調べられています。この場合、たとえば、重金属のカドミウムが作物である米に残留し、その作物を通じて重金属を取り込むことはＧＥＥになります。このほか、さまざまな化学物質で汚染された水や魚介類を食べることもＧＥＥです。

すなわち、ＧＥＥは化学物質がいったん

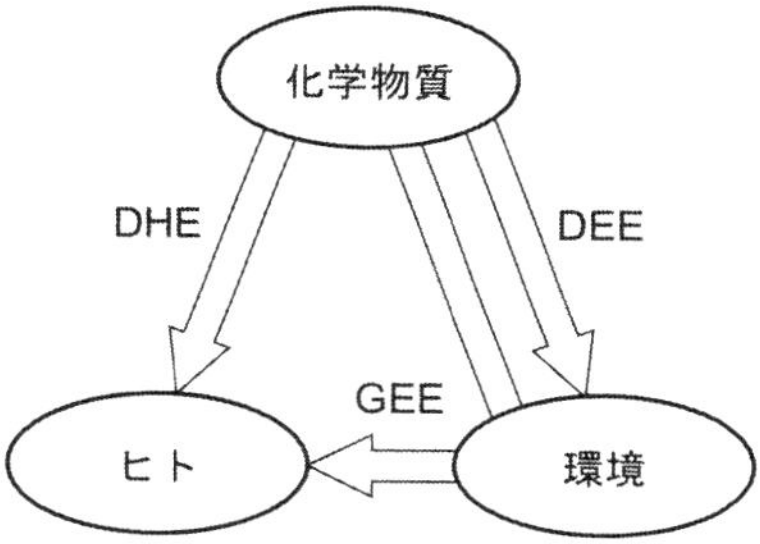

図5　化学物質のヒトおよび環境への曝露ルート　化学物質のヒトおよび環境への曝露ルートは、DHE（Direct Human Exposure; 直接人間曝露）と DEE（Direct Environment Exposure; 直接環境曝露）、GEE（General Environment Exposure; 一般環境曝露）の3つに分けることができる。及川・北野（2005）より

環境に出たあと、水や大気、動植物を通じてヒトがその化学物質に曝露される形態です。つまり、この形態でヒトが化学物質に曝露され健康を損なうことが、公害や環境問題なのです。

環境汚染（公害や環境問題、表2）の原因となる化学物質には、カーソンが取り上げたＤＤＴやＰＣＢなどの有機塩素化合物、撥水剤《はっすい》や防汚剤などの有機フッ素系化合物、引火性低減や延焼防止の目的で添加される臭素系難燃剤のように難分解性で脂溶性の化合物、鉛やカドミウムなどの重金属、フロン、ＶＯＣ、アスベスト（石綿）などがあります。

これらの意図的合成（あるいは、利用）物以外にも、産業活動において意図せずに生成した非意図的生成物のメチル水銀（図3のB）は水俣病《みなまた》の原因物質でありダイオキシン類（有機塩素化合物）（図3のC）はがんの、二酸化炭素やブラックカーボンは温暖化の原因物質であることが確認されています。なお、ダイオキシン類は、塩素を含むゴミの燃焼時に発生するだけでなく、一部の農薬（ＣＮＰやＰＣＰなどの除草剤）の合成時に副産物として生成され、国内の水田に農薬とともに散布され、その後も水田に蓄積され

公害・環境問題	おもな原因物質
農薬汚染	DDT などの有機塩素系殺虫剤（有機塩素化合物）
重金属汚染	銅（足尾鉱毒事件）やカドミウム（イタイイタイ病）、鉛、ヒ素
水俣病	アセトアルデヒド製造の過程で副成されたメチル水銀
大気汚染（酸性雨）	工場や自動車などの化石燃料（石炭・石油など）の燃焼により生成された硫黄酸化物（SO_2）や窒素酸化物（NO_2）
光化学スモッグ	工場や自動車などから排出された窒素酸化物（NO_2）及び VOC（揮発性有機化合物）が、紫外線による光化学反応によって生成した光化学オキシダント（≒オゾン）と浮遊粒子状物質（SPM）
オゾン層の破壊	エアコンや冷蔵庫などの冷剤、電子部品の洗浄、発泡スチロールの発泡剤、スプレーなどに使用されたフロンや小型消火器に用いられたハロンや臭化メチル
温暖化	化石燃料の燃焼により生成された二酸化炭素やブラックカーボン*、メタンなど
ダイオキシン	ゴミの焼却による生成と除草剤（PCP、CNP）の副産物
海洋汚染	廃棄物や油、PCB などの POPs（残留性有機汚染物質）、プラスチックごみ
放射能汚染	核分裂により生成された放射性のプルトニウムやヨウ素、セシウムなどが、核実験や原発事故などによって環境中に放出 レアアース（希土類元素）精錬過程で発生する放射性のトリウム

＊発生源はディーゼル車や工場の排気、森林火災など。SPM の一種で、温室効果は二酸化炭素に次いで高い

表２　環境汚染（公害・環境問題）のおもな原因物質　多田（2011）をもとに作成

ています。

また、有機塩素化合物など難分解性で脂溶性の化合物は、環境中での残留性や生物蓄積性、およびヒトや野生生物への毒性、長距離移動性が懸念されています。それらの化合物は、ＰＯＰｓ（残留性有機汚染物質）とよばれ、海洋汚染の原因にもなっています（第3章参照）。その一方で、光化学スモッグや酸性雨などの非意図的生成物による大気汚染や、意図的合成物であるフロンによるオゾン層の破壊、急速な経済成長が続くアジア大陸からの越境大気汚染物質であるＰＭ２・５（微小粒子状物質）について対策が急がれています。

さらに、これまでの核実験や原発事故により放出されたプルトニウムやセシウム、あるいは、蓄電池や発光ダイオード、磁石などのエレクトロニクス製品に使われるレアアースの精錬過程で発生するトリウム等の放射性物質など、これら化学物質をめぐる環境汚染は、ますます複雑で深刻化しています。

「いまでは化学物質によごれていないもの、よごれていないところなど、ほとんどない」「自然界では、一つだけ離れて存在するものなどないのだ。私たちの世界は、毒に染まってゆく」とカーソンが『沈黙の春』ですでに述べていたように、化学物質は、地球規模の大気・水循環や生物への蓄積により、いたるところに拡がり続け、現在の公害や環境問題の主要な要因になっているのです。

＊

カーソンは、1962年の『沈黙の春』で「私達は、べつの道を行くときにこそ〝地球の安全〟を守れる唯一のチャンスがある」と警鐘を鳴らしました。化学物質が地球規模の環境汚染を引き起こし、これが人類の未来を危機に陥れると主張したのです。彼女は、環境問題をグローバルな視点でとらえた最初の人でした。

温暖化、オゾン層の破壊、酸性雨、野生生物の種の減少、熱帯林の減少、砂漠化、海洋汚染、発展途上国の公害問題、ならびに有害廃棄物の越境移動などの環境問題は、図6に示すように相互に関係して、それぞれが独立した問題ではなく、問題の総体としての「問題群」として捉《とら》えることができます。ここに示した矢印はおもだったものが示さ

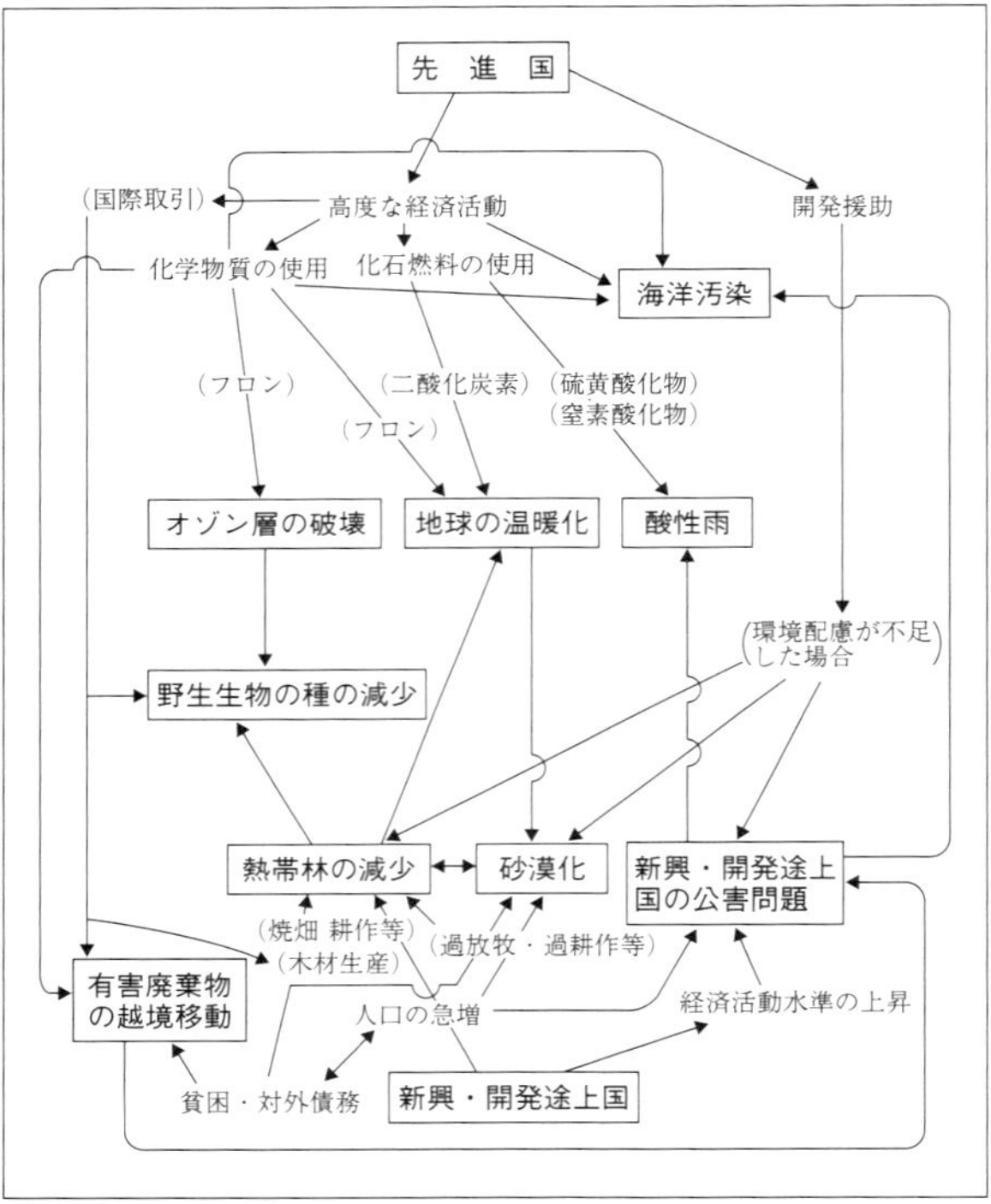

図6　「問題群」としての地球環境問題　環境庁（1990）より改変

れており、詳細にみればもっと複雑になります。

たとえば、オゾン層を破壊するフロンは、温暖化をもたらす原因物質のひとつでもあり、森林の減少は二酸化炭素の吸収の減少を通じ温暖化を加速します。温暖化が進むと、気候の変化に植生の変化が追いつかなくなるおそれがあり、降水パターンが変化し、森林は衰退し、砂漠化が進むことになります。また、熱帯林の減少は、野生生物の種の減少の最大の要因になります。さらに、海洋汚染は海による二酸化炭素の吸収を妨げ、温暖化を進行させます。このように、ひとつの環境問題が他の環境問題の原因となり、また結果になっているという側面が多々あるのです。

また、一九八二年に地下水汚染が発覚し問題化したトリクロロエチレンなどの有機塩素系溶剤に代替して、生体に対する毒性のないフロンの利用拡大を進めましたが、その後、そのフロンがオゾン層の破壊の原因物質になるなど、ひとつの環境問題を解決するための技術的対応がほかの環境問題を引き起こすこともあります。すなわち、地球環境問題は、さまざまな要因が相互に絡まりながら発生するものであり、地球規模の環境問題の解決には個々の問題に応急的に対処するだけではなく、それぞれの問題の関係やつながり、長期的な見通しを立てることを理解することが大切なのです。

「はげしい雨が降りそうだ」

第二次世界大戦後の高度成長に沸く1950年代のアメリカにおいては、人間は科学技術の力で自然を征服できると信じられていました。ところが、1960年代に入ってやっと、それは人間のおごりであると認識されはじめ、環境保護の必要性が一部の人びとのあいだでささやかれるようになりました。すでに経済至上主義のかげで、自然破壊や環境汚染が進行していたのです。

この現実に文学の世界で警告を発したのがカーソンの『沈黙の春』でした。そして、その彼女の取り上げたテーマを歌で世間に伝えようとしたのが、アメリカのミュージシャン、ボブ・ディラン（1941－）の「はげしい雨が降る（A Hard Rain's a-Gonna Fall 1963年）」だといわれています。それは、1976年の「ローリング・サンダー・レビュー」と銘打たれた、ディランにとって非常に重要な意味をもつコンサートツアーでも中心をなす曲でした。

１９９４年４月、奈良の東大寺境内でおこなわれたユネスコ主催の音楽祭『ＧＭＥ'94～21世紀への音楽遺産をめざして～ＡＯＮＩＹＯＳＨＩ』において、ニュー東京フィルハーモニック・オーケストラをバックに披露された３曲のなかにも含まれていました。

もっとも深い黒い森の奥まで歩いていこう（中略）
そこには毒の粒が水にあふれている（中略）
僕はそのことを知らせ、考え、話し、そして呼吸するだろう
そしてそれを山から反射させ、すべての魂に見えるようにしたい（中略）
はげしい雨が降りそうだ

その歌詞は、核の脅威と環境汚染によって先行きが不透明な未来を「黒い森」と暗示します。そして、放射能や酸性雨によって汚染された「毒の粒」の水がそこにはあふれているとうたうのです。さらに、その現実を「山から反射させ、すべての魂に見えるよう

にしたい」とすべての人びとの魂《こころ》に知らしめてゆく決意までも歌い込んでいます。21世紀に入ってからの地球環境への意識の高まり、福島第一原発事故後にみえてきた脱原発の気運のなかで、「はげしい雨が降る」は、それが作られた1960年代にも増して、さらなる重要性を帯びてきたといえます。

「この地上に生命が誕生して以来、生命と環境という二つのものが、たがいに力を及ぼしあいながら、生命の歴史を織りなしてきた」「だが、20世紀というわずかのあいだに、人間という一族が、おそるべき力を手に入れて、自然を変えようとしている」（カーソン）。生命の水に「おそろしい妖怪」が宿ったのです。

第3章　環境と生命

「ああ、水！」

『星の王子さま』（1943年）の作者で、郵便飛行士であったアントワーヌ・ド・サン＝テグジュペリ（1900－44）はその著書『人間の土地』の中で「人間を、十九時間で干物にしてしまう西風が吹いている」リビア砂漠のまん中で墜落、遭難し、奇跡的にも、地表に湧《わ》きでた「地底の海」と出会います。

ああ、水！
水よ、そなたには、味も、色も、風味もない、そなたを定義することはできない、人はただ、そなたを知らずに、そなたを味わう。そなたは生命《いのち》に必要なのではない、そなたが生命なのだ。そなたは、感覚によって説明しがたい喜びでぼくらを満たしてくれる。そなたといっしょに、ぼくらの内部にふたたび戻ってくる、一度ぼくらがあきらめたあらゆる能力が。そなたの恩寵《おんちょう》で、ぼくらの中に涸《か》れはてた心の泉がすべてまたわき出してくる。

そなたは、世界にあるかぎり、最大の財宝だ、そなたはまたいちばんデリケートな財宝でもある、大地の胎内で、こうまで純粋なそなた。（中略）でもそなたは、単純な幸福を、無限にぼくらの中にひろげてくれる。

（『人間の土地』1939年、堀口大學訳）

カーソンもまた『沈黙の春』の第四章「地表の水、地底の海」のなかで、「水は、生命の輪と切りはなしては考えられない。水は生命をあらしめているのだ」と述べています。さらに「自然資源のうち、いまでは水がいちばん貴重なものとなってきた。地表の半分以上が、水――海なのに、私たちはこのおびただしい水をまえに水不足になやんでいる。奇妙なパラドックスだ。というのも、海の水は、塩分が多く、農業、工業、飲料に使えない。こうして世界の人口の大半は、水飢饉《ききん》にすでに苦しめられているか、あるいはいずれおびやかされようとしている。自分をはぐくんでくれた母親を忘れ、自分たちが生きていくのに何が大切であるかを忘れてしまったこの時代——、水も、そのほかの生命の源泉と同じように、私たちの無関心の犠牲になってしまった」と。

生物種としてのヒトだけでなくすべての生物にとって、水分は体の50～90％を占めるもっとも重要な成分であり、水なしでは生きていくことができません。先にも述べたように地球は水の惑星で、約13・86億㎦の水によって表面のおよそ70％が覆われています。そのうち、約97・5％が塩水で、淡水は残りの2・5％にすぎません。海から蒸発した水は雲となり、陸に雨や雪となって降り注ぎます。蒸発した水は塩分を含まないため、雨は淡水として湖や川などを潤し、陸上の生命を育《はぐく》むのです。そして、カーソンが「地表の水、地底の海」とたとえた淡水のおよそ70％は氷河・氷山であり、残りの30％のほとんどは「地底の海」の地下水なのです。

じつは、人びとが利用しやすい河川や湖沼など陸地で取り囲まれた水域（陸水、ただし、高濃度の塩分を含んだ内陸塩湖もある）に存在する「地表の水」は、淡水のうちおよそ0・4％にすぎません。さらにこれは、地球上のすべての水のわずか0・01％にあたり、そのうち約10万㎦だけが、降雨や降雪で持続的に再利用可能な状態にあります（図7）。カーソンが指摘していた事態は今でもさほど変わらず世界の人口のほぼ3分の1にあたる20億人の人びとが水不足に悩まされています。このペースで「地表の水」を消費し続ければ、２０２５年には世界の半分の40億人、そして２０５０年には3分の2を超える70億人の人びとが、水不足に直面するなどの影響を受けると予想されています。

そこで、とりわけ新興国や発展途上国では、必要な水を必要な場所に届ける「上水道施設」や、使い終わった汚水を処理する「下水処理施設」などインフラの整備（水ビジネス）がもとめられています。20世紀は「石油の世紀」といわれますが、人びとにとって水がもっとも重要な資源となる21世紀は「水の世紀」なのです。

生命の連鎖が「毒の連鎖」に

陸上で環境中に放出された化学物質は、さまざまな変化を受けますが、大部分の化学物質が河川や湖沼などの陸水に移行し、微生物によって分解されます。その一方で、食《しょく》物《もつ》連鎖（網）により上位の生物に蓄積されるものもあります。そのため、環境中の化学

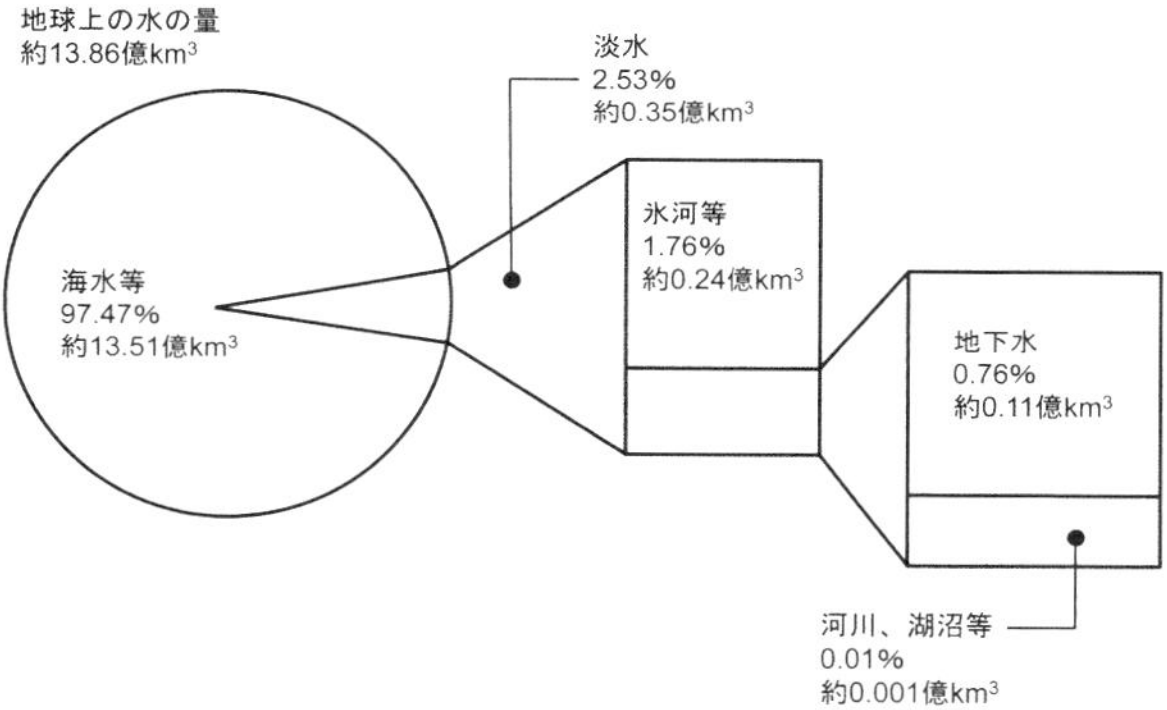

図7　地球上の水の量　国土交通省2010より

物質濃度は、おもには微生物による生分解により徐々に低下します。その一方で、食物連鎖（網）により生物に蓄積され、より上位の生物ほど化学物質濃度は上昇します。

とりわけ水中では、生分解と生物濃縮・蓄積ともにおこなわれています。なお、土壌や水中の底土には、カドミウム等の重金属、DDTやPCB、ダイオキシンなどの残留性の高い化学物質（POPs、第2章）やVOCなどが、大気中や水中といったほかの環境に比べて高濃度で蓄積されています。

カーソンは「おそるべき力」（第2章参照）になりうる化学物質のうちで、生物にとって蓄積性の高い化学物質を取り上げ、いくつかの事例によって紹介しています。そのうち陸地で囲まれた湖沼では「一つの生命から一つの生命へと、物質はいつ果てるともなく循環している。水中にひとたび毒が入れば、その毒も同じように、自然の連鎖の輪から輪へと移り動いていくのである」と「環境と生命」のつながりについて述べています。植物から動物の生命の連鎖（食物連鎖）が、「毒の連鎖」に変わり「生物は濃縮する」と指摘します。彼女は『沈黙の春』のなかで、カリフォルニア州のクリア湖（図8上）の例を挙げて説明しています。

実際のサンフランシスコ北方のクリア湖は、クリア（澄んだ）といいながら、水はくすみ、底も浅いのです。ここには、成虫は蚊に似るが吸血しない小さなフサカの一種、*Chaoborus astictopus*（図9上）という昆虫が大量に発生して、釣り人や湖畔の別荘地の人びとをなやませていました。そこで、その幼虫を駆除するためにDDTによく似たDDDという有機塩素系殺虫剤を薄めて（最高で0・02mg／ℓ）水中に散布（1949年）したところ、その昆虫は2度目の散布（1954年）でほとんど全滅した、と思われました。

やがて冬が来ると湖のクビナガカイツブリ（図9下）が死にはじめました。カイツブ

図8　クリア湖（上）と霞ヶ浦（下） クリア湖（カリフォルニア州）は、サンフランシスコの北方90マイル（144.8km）ほどの山中にある湖（面積 177㎢、最大水深 18m、平均水深 8 m）。霞ヶ浦（茨城県）は、東京の北東70kmほどに位置する湖面積は日本第2位の湖（面積 172㎢、最大水深 7m、平均水深 4m）2015年7月19日撮影：早坂はるえ

リの巣のコロニーも減りはじめ、最後には、巣はつくったものの湖ではそのひな鳥はもう見られなくなりました。カイツブリの脂肪組織を分析してみると、1600mg／kgのDDDが蓄積していました。

そこで、クリア湖の各種生物体内のDDDを分析してみると、毒（DDD）をはじめに取り込んだ植物プランクトンから5mg／kgが検出され、プランクトンを食べる魚では、40～300mg／kg、肉食魚のナマズ類から2500mg／kg（水中の最大濃度の約12万5000倍）という驚くべき蓄積量に達していました。DDDを最後（3度目）に散布（1957年）してから、しばらくすると、水中からはDDDはあとかたもなく消えてしまいました。だが、湖から毒が姿を消したわけではなく、湖水にいる生物の組織に、毒が移っただけのことでした。水そのものはきれいになっているのに、毒だけは世代から世代へと伝わったのです。湖沼にいる生物は、まわりから閉ざされた環境のなかで生きていることから、その環境は地球に置き換えて考えることができます。

水は、生命の環《わ》と切りはなしては考えられません。水中にただよう植物プランクトンにはじまり、動物プランクトンや、さらにプランクトンを水からこして食べる魚、そし

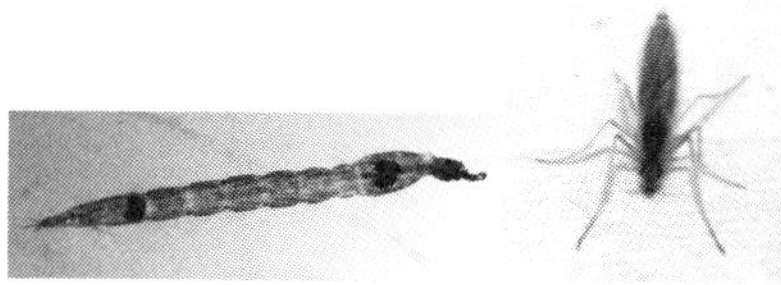

図9　日本産のフサカの1種（*Chaoborus flavicans*）とクビナガカイツブリ（*Aechmophorus occidentalis*）フサカの幼虫（上左）は、体長8-10mmほどでミジンコなどを捕食する（つくば市内で捕獲）。成虫（上右）は体長6-8mmほど。（撮影：小神野豊）クビナガカイツブリ（下）は別名ハクチョウカイツブリとよばれ、北米最大のカイツブリ、体長56-74cm。U.S.Fish & Wildlife Serviceより

てその魚はまたほかの魚や鳥の餌《えさ》となります。カーソンは「自然界では、一つだけ離れて存在するものなどないのだ」と強調します。

その後、環境ホルモン問題を巻き起こした『奪われし未来』の第2章のなかでコルボーンらは、アメリカのオンタリオ湖におけるPCBの生物への蓄積について解説しています（図10）。まず、湖水中の植物プランクトンが、水中と湖底に沈殿している汚染物質からPCBを取り込みます。この植物プランクトンが、動物プランクトンに捕食され、この動物プランクトンをアミ（エビに似た微小な甲殻類）が捕食し、続いて魚類（マスなど）がそれを捕らえて体中に蓄積していきます。

この場合、化学物質（PCB）が水中から魚類の鰓《えら》などを通して直接体内に取り込まれることによる生物への濃縮を生物濃縮（bioconcentration）といいます。さらに食物連鎖（植物プランクトン→動物プランクトン→魚類）による魚類への蓄積をバイオマグニフィケーション（biomagnification）といいます。これら二つを合わせて魚類への生物蓄積（bioaccumulation＝生物濃縮＋バイオマグニフィケーション）といいます。

そうして、次々と食物連鎖を上りつめていったPCBは、魚類を餌とするセグロカモ

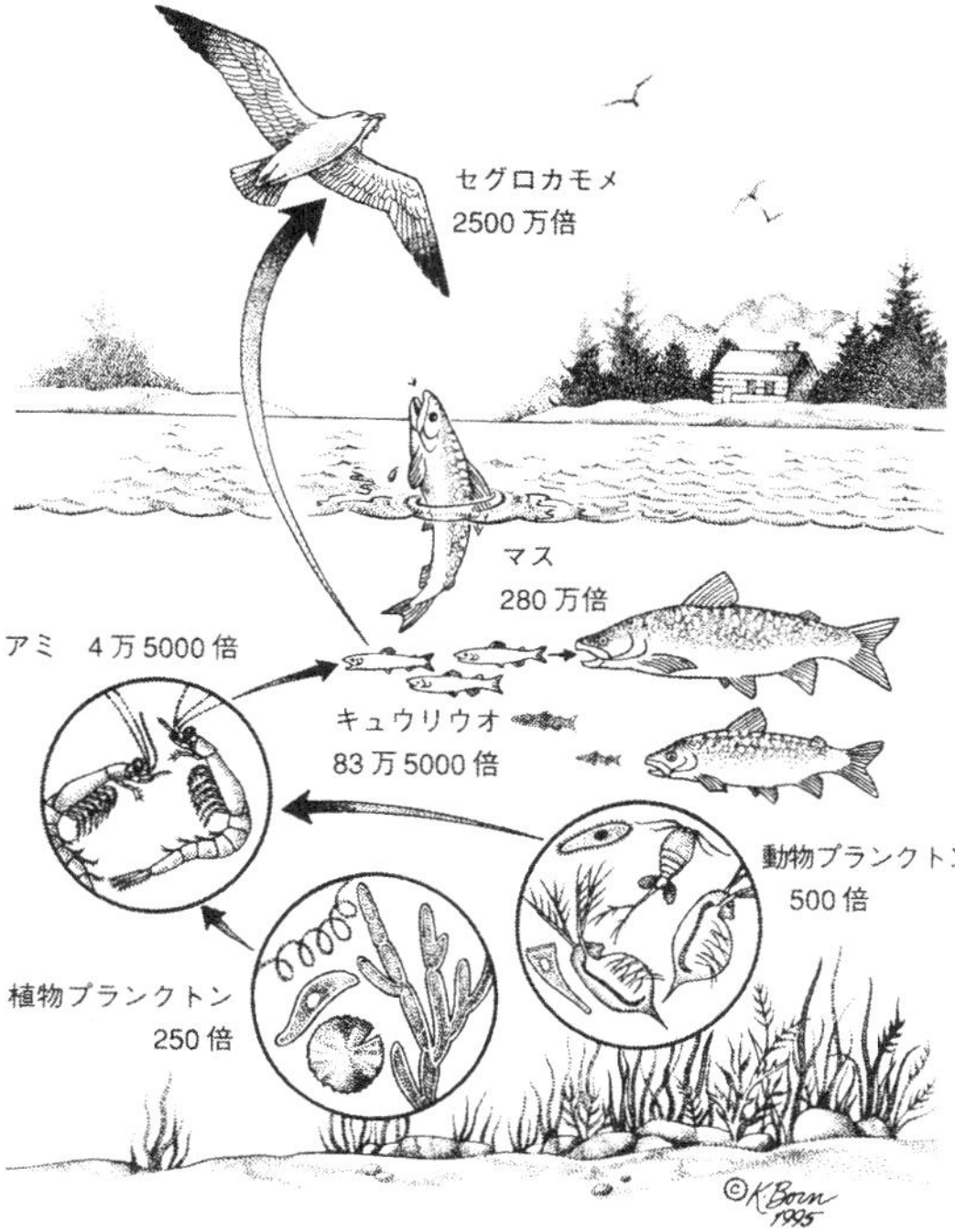

図10　オンタリオ湖における食物連鎖を通したPCBの生物への蓄積　コルボーンら（1997）より。アメリカ五大湖のうち最小の湖、面積は19,009km²あり、四国4県を合わせた大きさとほぼ同じ。東西の長さは310km、南北は85km、最大水深244m。湖面積はクリア湖のおよそ131倍

メの体内に収まることになり、その脂肪組織に蓄積されたＰＣＢ量は、水中の２５００万倍にも達していたのです。

＊

先に述べたようにＤＤＴやＰＣＢをはじめとする有機塩素化合物は、ＰＯＰｓとよばれ、その特徴は、発がん性や神経障害、ホルモン異常などの毒性が強く、その上、環境中で分解されにくく、脂溶性が強く食物連鎖により生物体内に蓄積しやすいのです。さらに、地球規模の大気や水循環により長距離を移動しても分解せず、遠い国の環境にも影響を及ぼすおそれがあるのです。そのため、ＰＯＰｓが使われていないはずの南極や北極周辺に生息するアザラシやホッキョクグマから、ＤＤＴやＰＣＢなどを検出することがあります。

「私たちみんなの水に、川に湖に海に化学薬品が入ってきて、禍《わざわ》いを及ぼしつつあるのは、もはや疑うまでもない」（カーソン）と化学物質による海の汚染について憂慮しています。海の「食物連鎖は、ニシン、メンヘイデン、そしてサバのようにプランクトンを食べる魚類の一群に、それからアジやマグロやサメのような、魚を食べる魚類につながっている」「さらに魚類を食べる外洋のイカへ、それから、大小ではなくその種属によって、魚やエビの類を食べたり、あるいは最小の動物プランクトンの類《たぐい》を食べている偉大な鯨類へと、連鎖はつながっているのだ」とカーソンは『われらをめぐる海』で述べています。

発生源から遠く離れ、DDTやPCB濃度の低い海に棲《す》むクジラ類などの海棲《かいせい》ほ乳類の方が、ヒトよりも体内に高濃度のPOPsをためていることが知られています。つまり、海に入ったこれらのPOPsは、そこから食物連鎖（網）を通じて生物に蓄積されていき、ついには生態系の頂点にいるイルカやクジラの体内に侵入し、たまってしまうことになるのです。また、海棲ほ乳類には、ヒトにはあるPOPsを解毒《げどく》する酵素（薬物代謝酵素）がないか弱いために高濃度のPOPsの蓄積に結びついています。

さらに、海棲ほ乳類は、皮膚の下にブラバーとよばれる厚い脂肪組織をもっており、そこに脂溶性であるPOPsが長期間たまることになります。すると、脂肪含量がきわめて高い母乳にDDTやPCBなどのPOPsが大量に含まれることになり、授乳により母体から乳仔《にゅうし》に移っていくのです。このように環境ホルモンとしても注目されたPOPsの蓄積は、海の「環境と生命」における地球規模の問題を象徴しているといえるでしょう。

自然と人のつながり

海洋は、広大な外洋域と沿岸域に分けられます。これは、海底の水深と陸地からの距離に基づいており、一般に大陸棚のふちとされる深度200mを境に分割されています。地球上における水循環は、河川・湖沼などの陸水生態系と海洋生態系、それに陸水と海洋（外洋）をつなぐ沿岸生態系を巡り、一部は大気に蒸発して雲となり再び雨や雪となってそれぞれの生態系に戻っていきます（図11）。

この沿岸生態系は、陸水からの有害物質のみならず、さまざまな人間活動により大きな影響を受け、現在でも藻場の減少やサンゴ礁の破壊を招いています。国内では、1950年代に熊本県不知火海《しらぬいかい》の沿岸生態系の生命の連鎖が、メチル水銀（図3のB）によ

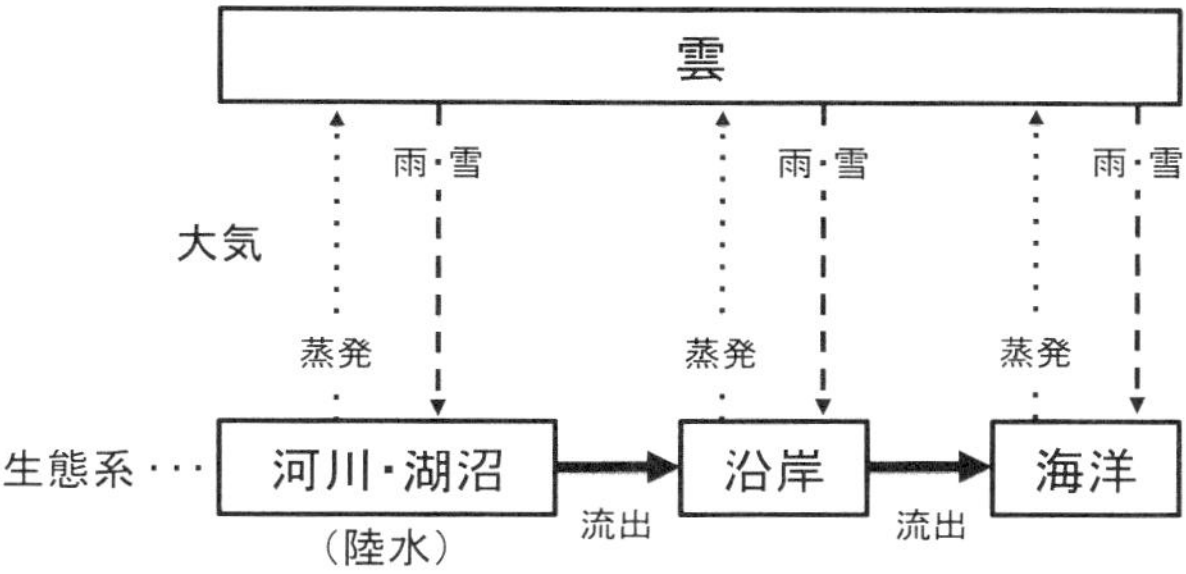

図11　生態系をめぐる水循環　ほかに土壌など陸地からの蒸発や陸地への雨や雪などの降水がふくまれる

って「毒の連鎖」に変わり、それが「環境と生命」、すなわち「自然と人」のつながりを問いかけた一大事件である水俣《みなまた》病の発生につながりました。

　水俣病は、第二次世界大戦後の公害の原点であるとよくいわれます。ひとつには、工場から排出されたメチル水銀が環境（不知火海）を汚染し、生命の連鎖である食物連鎖を通じて起こった中毒（一般環境曝露《ばくろ》による健康被害）を初めて人類が経験したからです。すなわち、「どこまでもたち切れることなく続いてゆく毒の連鎖、そのはじまりは、小さな、小さな植物、そこに、はじめ毒が蓄積された——そう考えても間違いないだろう。だが、この連鎖の終わり——人間」と『沈黙の春』でカーソンが述べたことが、メチル水銀の「毒の連鎖」により人間の水銀中毒（水俣病の発生）へとつながったことにより現実のものとなったのです。

もうひとつには、後天的な中毒による発病だけでなく、母親の胎内に宿った胎児に、胎盤を通して先天的な中毒（胎児性水俣病）が、『沈黙の春』の出版された一九六二年に世界で初めて公式確認されました。それまで、ほ乳類に備わった母と子の絆《きずな》である胎盤は、有害な物質から胎児を守ってくれると考えられていた常識を覆し、その後の毒性学の考え方も変えさせたのです。「いまや、人間という人間は、母の胎内に宿ったときから年老いて死ぬまで、おそろしい化学薬品の呪縛《じゅばく》のもとにある」とカーソンが述べたことが、胎児性水俣病として現実のものとなったのです。

＊

国連環境計画（UNEP）の報告書（2002年）である「世界水銀アセスメント」（地球規模での水銀対策）において、「水銀がさまざまな排出源からさまざまな形態で環境中に排出され全世界を循環し、なかでもメチル水銀が生物に蓄積しやすく、ヒトへの毒性が強く、胎児や新生児、小児の神経系に有害であり、人為的排出が大気中の水銀濃度や堆積速度を高めており、世界的な取組みにより、人為的な排出の削減・根絶が必要である」ことが指摘されました。

そのための「水銀に関する水俣条約」が、2013年10月に熊本県（熊本市と水俣市）で開かれた外交会議において、91カ国と欧州連合（EU）の署名により採択されました。それには、水銀による地球規模の汚染や健康被害を防ぐことを目的に、水銀の流通量や環境への排出量を削減すること。すなわち、水銀によるリスク削減のための義務を定めています。

そしてその前文には、「世界で水俣病を繰りかえさない」とのわが国の誓いとともに、「水俣」は水銀被害のない未来を表す言葉となることの願いが込められています。「深い川が水俣にあります／苦しんだ家族を誰《だれ》か助けてと泣き叫んだ涙は／幾すじも流れ／やがて魂の川が流れ始め／深い人類の川に合流し始めている／希望の海へそそぎ込むまで／川は流れ続ける」（元水俣病資料館館長・坂本直充）のです。

二人にひとり

ところで『沈黙の春』のなかで、有害な化学物質などによって、人間の「四人にひとり」はいずれがんになると、カーソンは警告しています。アメリカでは、がんは死因の23％（２００２年）を占めていますが、現在の日本では、がんは「国民病」ともいわれ、２００１年以降はその生涯において二人にひとりががんになり、そのうちの三人にひとりにあたる30万人以上の人が毎年、がんで亡くなっています。がんは１９８１年に結核や肺炎などの感染症や脳卒中などの脳血管疾患をぬいて、日本人の死因のトップに立ちました。

「20世紀になると、無数の発がん物質があらわれ、いやがおうでも毒にとりかこまれて生活しなければならなくなった」とカーソンは、この状況を伝染病の病原菌との関連で説明しています。細菌学の始祖として、ワクチン予防接種などをあみ出したパストゥールやコッホは、病原菌により病気が蔓延《まんえん》することを解明し、その結果として、多くの伝染病は人間の手で制圧（予防）することができたのです。伝染病の場合、その病原は人間の意志に反して広がりました。しかし、皮肉なことにがんの病原となる発がん物質（第2章参照）は人間の手（意図的合成・非意図的生成）で広められたのです。

国立がん研究センターを中心とする国際研究チームは、「ビッグデータ」（患者704２人の遺伝子変異約５００万個）をもとに30種類のがんを対象に細胞の遺伝子の突然変異を調べ、がんの原因となる変異のパターン22種類を発見しました（２０１３年8月15日付ネイチャー電子版）。変異のパターンのうち、一部は喫煙や加齢、紫外線などの影響で引き起こされていることが推定されましたが、ほかの多くは原因が特定できていません。今後、生活習慣や発がん物質の影響などについて解明を進めることとしています。

「私たちみんなが《発癌物質の海》のただなかに浮んでいる」（カーソン）。現代社会から、わたしたちの生活に不可欠ではない「化学的発癌物質」をとりのぞくことができれば、生命（遺伝子）に対する「発癌物質の圧力」も大幅に弱まるだろうと。「まだ、癌の魔手がとどいていない者――そして、まさにまだ生まれ出てこない未来の子孫たちのために、何としても、癌予防の努力をしなければならない」とカーソンは予防の必要性を強調しています。

このような予防の考え方は、国内においても1994年以降の環境政策の指針のひとつに予防的な方策として取り上げられています。2006年には「がん対策基本法」が成立し、「がん対策推進基本計画」(2007年)が策定されて、総合的かつ計画的にがん対策を推進する方向性が示されました。

国際的にも、2002年にWHOが国家的がん対策プログラムの推進を提唱しています。その目的とするところは、第一に、がんの罹患《りかん》率と死亡率を減少させることです。第二に、がん患者とその家族のQOL(Quality of life)を向上させることです。QOLとは、身体的、精神的、社会的にも調和のとれた状態(トータル・ヘルス・ケア)で、主体的に自分の人生をデザインする生き方ができているかどうかの「ものさし」のことです。

この二つの目的を達成するため、カーソンのいう予防、ならびに早期発見、診断(検診)、治療、終末期ケアからなる一連のがん対策が求められています。

「エコチル調査」という取り組み

『奪われし未来』で「有毒の遺産（hand-me-down poisons）」として取り上げられた環境ホルモン（第2章参照）は、極めて低用量（微量）でも有害な影響があるとの疑いが指摘されました。「少量の薬品でもよい。じわじわと知らないあいだに人間のからだにしみこんでゆく。それが将来どういう作用を及ぼすのか。こういうことこそ、人類全体のために考えるべきであろう」「明らかな徴候のある病気にふつう人間はあわてふためく。だが、人間の最大の敵は姿をあらわさずじわじわとしのびよってくる」（医学者ルネ・デュボス博士の言葉）と『沈黙の春』でカーソンは述べていますが、まさに「環境ホルモン」問題を予見していたといえるでしょう。

　このような環境ホルモンの影響は、成人（大人）では影響を打ち消しますが、発達段階にある胎児や乳幼児には、微量でも中枢神経や免疫系などに影響が残り、あとになってなんらかの異常があらわれる可能性があります。これまでの化学物質のリスク評価（その毒性の強さと曝露量から科学的に判定）のように大人を基準にしたものではなく、乳幼児をふくむ子どもや高齢者、妊産婦などのリスクの高い集団（脆弱《ぜいじゃく》集団）を対象にしたものに替えていく必要があります。とりわけ子どもは、大人よりも化学物質などの影響を受けやすく、「子どもは小さな大人ではない」とされています。

『環境白書』によると最近は、子どもにぜんそくや先天異常などの発生率の増加がみられ、その原因として複合する化学物質による曝露が指摘されています。そこで国は、将来世代の健康に悪影響をもたらす化学物質曝露をはじめとする環境要因を解明し、「胎児や乳・幼児期にあたる高感受性期」の脆弱性（もろくて弱いこと）を考慮したリスク管理体制の構築を図る必要があります。このように「環境と生命」のつながりに着目して、そのための「子どもの健康と環境に関する全国調査（エコロジーチルドレンを略してエコチル調査）」（環境省）が、妊娠時から10万人の妊婦を対象に2011年から開始されています（2025年度に中間とりまとめ）。これは、胎児の期間から13歳に達するまで、定期的に血液検査などにより化学物質の曝露などの、環境要因以外にも遺伝要因や社会要因、生活習慣要因などを幅広く調査することで、胎児から子どもにかけての成長や発達にどのような影響を与えるのかを明らかにするものです。

環境影響以外にも、エコチル調査には、すでに病気になってからおこなう対症療法的な治療から、カーソンのいう「まだ生まれ出てこない未来の子孫たちのため」の予防的な方策、さらには、まだ分かっていない問題に気づくという思想の萌芽《ほうが》がみられます。

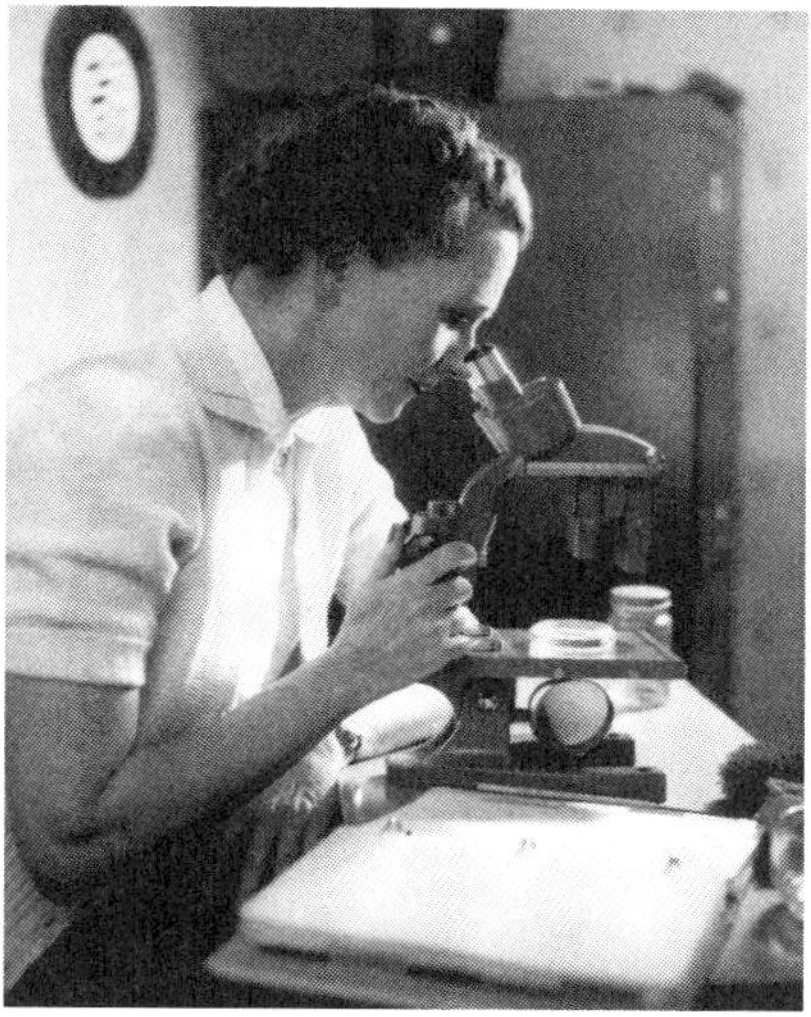

研究室のカーソン1951年
(Brooks Studio/Rachel Carson Council)

第4章　「センス・オブ・ワンダー」の感性に生きる

自然という力の源泉へ

カーソンは、メイン州サウスポートの、海を臨む森のなかに小さな別荘をもっていました。庭先を下りれば、そこは『海辺』に出てくるごつごつとした岩礁海岸でした。毎年夏になると、姪《めい》のマージョリーが幼い息子のロジャーを連れてやってきました。カーソンは、ロジャーと森や海辺を探検し、星空や夜の海を眺めた経験をもとに「あなたの子どもに不思議さへの眼を開かせよう（Help Your Children Wonder）」（１９５６年）という題で『ウーマンズ・ホーム・コンパニオン』という雑誌にエッセイを書きました。

カーソンは『沈黙の春』を書き終えたとき、自分に残された時間がそれほど長くないことを知り、最期《さいご》の仕事としてそのエッセイに手を加え始めました。しかし、それを新たな作品に完成させることができず、亡くなった翌年、彼女の夢を果たすべく、友人たちによって一冊の本として出版されました。それが『センス・オブ・ワンダー』なのです。

子どもたちの世界は、いつも生き生きとして新鮮で美しく、驚きと感激にみちあふれているのに、わたしたちの多くは大人になるまえに澄みきった洞察力や美しいもの、畏《い》敬《けい》すべきものへの直感力をにぶらせ、あるときはまったく失ってしまいます。もしも、すべての子どもの成長を見守る善良な妖精《ようせい》に話しかける力をもっているとしたら、世界中の子どもに、生涯消えることのない「センス・オブ・ワンダー＝自然や生命の神秘さや不思議さに目をみはる感性」を授けてほしいとたのむでしょうとカーソンは述べています。「この感性は、やがて大人になるとやってくる倦怠《けんたい》と幻滅、わたしたちが自然という力の源泉から遠ざかること、つまらない人工的なものに夢中になることなどに対する変わらぬ解毒剤になるのです」と（上遠恵子訳）。

そもそも感性とは、目や耳、鼻などの感覚を通して外界に反応する、人にとっては肉体的にも精神的にも、その生存や生命の本質にかかわる能力です。著名な生態学者の今西錦司《きんじ》は「われ感じるゆえにわれあり」と述べています。自然や生命の息づかいを感じる。人のこころを感じる。神の気配を感じる。すべて感性のはたらきです。

『センス・オブ・ワンダー』には、二つのメッセージがこめられています。ひとつは、子どもをもつ親に向けたメッセージです。子どもに生まれつきそなわっている「センス・オブ・ワンダー」をいつも新鮮に保ちつづけるためには、少なくともひとり、大人がそばにいて、自然についての発見の喜びや感動を一緒にわかちあうことが大切だということです。もうひとつは、わたしたちすべての人びとに向けたメッセージです。それは、地球の美しさと神秘を感じとることの意義と必要性です。地球の美しさと神秘を感じとれる人は、生きていることへの喜びを見いだすことができ、生き生きとした精神力を生涯保ちつづけることができるのです。

「生命への畏敬」

カーソンは、イギリスの博物学者リチャード・ジェフリーズ（1848-87）の『わが心の記』（1883年）を読んでいるとき、そのなかの「地球のこよなき美しさは、生命《いのち》の輝きのなかにあり、それはすべての花びらに新しい思考を生みおとす。われわれは、美しさに心を奪われている時にのみ、真に生きているのだ。他のすべては幻想であり、忍耐に過ぎない」（上遠恵子訳）という数行の文章は、「ある意味において、私が生きて来た信条の声明です」と述べています。この信念を支えたのは、シュヴァイツァーから受け継いだ生命への限りない畏怖と敬意である「生命への畏敬」と自身の「センス・オブ・ワンダー」という感性であったといえます。

『センス・オブ・ワンダー』初版本

美は、欲、疑い、関心、理屈にとらわれず、それはどうなっているのか、それにはどんな意味があるのか、なんの役に立つのか、いかにあるべきかの問いを起こさせることはありません。これらの問いを無効にします。鳥の渡り、潮の満ち干、春を待つ固い蕾《つぼみ》のなかには、それ自体の美しさと同時に、象徴的な美と神秘がかくされています。自然がくりかえすリフレイン――夜のつぎに朝がきて、冬が去れば春になるという確かさ――のなかには、かぎりなくわれわれをいやしてくれるなにかがあるとカーソンは語っています。そして、自然にふれるという終わりのないよろこびは、けっして科学者だけのものではなく、大地や海、空とそこにすむ驚きに満ちた生命の輝きのもとに身をおくすべての人が手に入れられるものなのです。

シュヴァイツァーのさまざまな著作のなかで、「生命の畏敬」に対する最も正しい理解は、かれの場合そうであったように、個人的な経験によってもたらされています。それは、予期しないときに、野生の生物を突然見かけることであったり、ペットと一緒にいる時、あるいは乗馬などの経験であったりします。それがなんであれ、それは私たちの心を解き放してくれるなにものかであり、そしてまたわたしたちにほかの生命の存在を気づかせるなにものかなのです。『沈黙の春』が出版された翌1963年、野生生物研究所のシュヴァイツァー・メダル受賞のおりに、カーソン自身が生命の存在とその意義について深く感じとったときのことを次のように述べています。

「私自身の記憶をたどって見ると、それは一匹の小さなカニが真っ暗な夜の浜辺にひっそりとうずくまっているのを見かけた時のことでありましょう。その小さなひ弱い生きものは、磯波の打ち寄せてくるのを待っていましたが、それは完全にこの世界に安住の地を見出しているように思えました。それは生命の象徴であり、そしてまた生命が、それを取りまく環境の物理的な力に適応していく姿を象徴していくように思われました」（上遠恵子訳）と。ここには、シュヴァイツァーの生命の「生きようとする意志」（後述）をみてとることができます。それはまた、カーソンの「美と神秘」という生命観につながるのです。

美と神秘の世界

「私は海辺に足を踏み入れるたびに、その美しさに感動する」（カーソン）。なかでも、潮溜《しおだま》りについて、微妙な色合いの緑や黄土色、ヒドロ虫類の真珠のようなピンク色など、壊れやすい春の花園にたとえ、ツノマタ（紅藻類）のもつ青銅色の金属的なきらめき、サンゴ色の藻類のバラのような美しさが、潮溜りいっぱいにあふれていると、カーソンは『海辺』のなかで述べています。

さらにカーソンは、フジツボの脱皮を毎夏しばしば目にして、海岸から汲《く》み上げてき

ニューイングランドの海辺（Carson, 1955）1：黒い帯状地帯（ラン藻の跡）、2：タマキビ地帯、3：フジツボ地帯、4：ヒバマタ（褐藻類）地帯、5：ツノマタ地帯、6：コンブ（褐藻類）地帯

た海水の中に「その脱皮殻である白い半透明の斑点《はんてん》が漂い、それはまるで小さな小さな妖精が脱ぎ捨てた薄い紗《しゃ》の衣のようである」と。そして、微小なゴカイ類を「海の妖精(sea nymph)」に、ウミグモ類をはかなさの化身(embodiment)に、最も壊れやすそうな小さな石灰質のカイメンのレースの織物は妖精(fairy)の寸法に、スナホリガニを大地の精(ノーム gnome)のような顔＝不思議な砂のなかの妖精(穴居人 troglodytes)に、それぞれたとえています。

このように、海辺の生命に「小さくはかないもの」を見つけ出すとともに、妖精や精霊などの人間を超えた存在を認識し、おそれ、驚嘆する感性をはぐくみ強めていくことのなかに、永続的で意義深いなにかがあると信じ、それ自体の美しさと同時に、象徴的な美と神秘がかくされていることをカーソンは指摘します。

「地球のこよなき美しさは、生命の輝きのなかにあり、それはすべての花びらに新しい思考を生みおとす」(ジェフリーズ)。この一文は、生命への賛歌、普遍の「生命力」をたたえる散文詩のようでもあります。人はだれしも、自然の花が美しいと感じる。自然科学の知識とはまったく関係ないのです。またドイツの物理学者で哲学者カール・フリードリヒ・フォン・ヴァイツゼッカーは「自然は人間よりも年長である。しかし、その人間は自然科学よりも年長である」とも言います。人間がこの感情をもっていることは、地球の自然を根本的に破壊することの非常に大きな歯止めになっています。人間は、倫理ではなく感性（センス・オブ・ワンダー）で気づいて、「花が美しい、だからこれを大事にしよう」という生命に対する価値を見いだしています。

東日本大震災後、作家の石牟礼《いしむれ》道子（1927－）は「花を奉る」という詩を書いています。その最後の一行をこう結びます。「地上にひらく一輪の花の力を念じて／合掌す」と。

生きようとする意志

『沈黙の春』は、「シュヴァイツァーの言葉――未来を見る目を失い、現実に先んずるすべを忘れた人間。そのゆきつく先は、自然の破壊だ」で始まります。かれは、神学者であり、牧師であり、音楽家であり、そして、赤道直下のアフリカのガボンの原生林のなかで医師として献身し、ノーベル平和賞（1952年）を与えられました。生きとし生けるものの生命を尊ぶこと、すなわち、「生命への畏敬」こそが倫理の根本でなければならないとの思想を、その生涯を通じて実践しました。かれは、30歳になるまでは科学と芸術のために生き、30歳になってから医学を学び、38歳になってアフリカに向かいました。

「見わたすかぎりどこまでも広がる熱帯林の真ん中を流れる、ガボンのオゴウェ川を蒸気式の引き船でゆっくりと上流に向かって旅をしているとき、不意に、それまで思いつ いたこともなかった『生命への畏敬』という言葉が、かれの心に閃《ひらめ》いた」(バルサム・エラ、アンドリュー・リンゼイ「アルバート・シュヴァイツァー」ジョイ・A・パルマー編『環境の思想家たち 下――現代編』須藤自由児訳)。それから50年あまり、かれは奉仕と献身の生涯を送ったのです。カーソンはこのようなシュヴァイツァーを深く敬愛し、『沈黙の春』をかれに捧げました。ちなみに最初の作品である『潮風の下で』は、カーソン自身にセンス・オブ・ワンダーを授けてくれた母マリアに捧げています。

シュヴァイツァーは、すべての生命のもとにある――現実に生命の本質そのものである――のは、「生きようとする意志」であると考えました。すなわち、かれが「生命への畏敬」の念を導きだすのは、この「生きようとする意志」に関する反省からです。かれは個人的な生命から出発します。「私は生きることを欲する生命である」と。これが、すべての生命が根源的な相互依存の関係にあることの主張へと進んでいく。それぞれの生命は単独で孤立してではなく、ほかの「生きようとする意志」のあいだで生きることを欲するのです。

個人の生きようとする意志（あるいは生命）を、ほかの生命と、そして生命を通して大いなる存在と、直接的、経験的な仕方で同一視することが、シュヴァイツァーの倫理的神秘体験の根本なのです。実際、畏敬の経験が神秘的な本性をもつことはまさにその「畏敬」という語に含意されています。つまり「畏敬」とは、「畏《おそ》れ」「驚き」そして「神秘」を意味するのです。

「われわれが神と自然から受けた最高のものは生命であり、休息も静止も知らない単子（モナス）の自動回転運動である。この生命をはぐくみ育てる衝動は、各人に生まれついていて破壊しがたい。しかし生命の特性は自他にとって常に秘密である」（ヨハン・ヴォルフガング・フォン・ゲーテ、高橋健二編訳）とドイツの文豪ゲーテ（1749－18

32）は「格言と反省」（1809年）のなかで生命について述べています。すなわち、生命の内的な本性は、「はぐくみ育てる衝動」＝「生きようとする意志」であり、「自他にとって常に秘密」＝「神秘」でもあるのです。そこに本質的な美を認めることができます。

「知る」ことは「感じる」ことの半分も重要ではない

「わたしは、子どもにとっても、どのようにして子どもを教育すべきか頭をなやませている親にとっても、『知る』ことは『感じる』ことの半分も重要ではないと固く信じています」とカーソンはいいます。

『センス・オブ・ワンダー』の執筆の意図について、「美を感じる心や、新しい未知なるものに出会う感動、共感、憐《あわれ》み、賞賛、そして愛、といった感情がいったん呼び覚まされれば、だれしもその感情の対象について、知識を得たいと願うものだ」と。それは、美しいものを美しいと感じる感性がひとたびよびさまされると、次はその対象となるものについてもっと知りたいと思うようになります。そのようにして見つけだした知識は、しっかりと身につくものです。

すなわち、「子どもたちがであう事実のひとつひとつが、やがて知識や知恵を生みだす種子《たね》だとしたら、さまざまな情緒やゆたかな感受性は、この種子をはぐくむ肥沃《ひよく》な土壌です。幼い子ども時代は、この土壌を耕すときです。美しいものを美しいと感じる感覚、新しいものや未知なものにふれたときの感激、思いやり、憐れみ、賛嘆や愛情などのさまざまな形の感情がひとたびよびさまされると、次はその対象となるものについてもっとよく知りたいと思うようになります。そのようにして見つけだした知識は、しっかりと身につきます」（上遠恵子訳）と子どもに知識を身につけさせるには、まず感性を育てることが大事であるとカーソンは述べています。

たとえ自分自身が、自然への知識をほんの少ししかもっていないと感じていたとしても、子どもと一緒に空を見上げれば、夜明けや黄昏《たそがれ》の美しさがあり、流れる雲、夜空にまたたく星を見ることができます。また、森を吹き渡るごうごうという声や、家のひさしやアパートの角でヒューヒューという風のコーラスを聞くこともできます。そうした音に耳をかたむけているうちに、心は不思議に解き放たれていきます。たとえ都会でくらしているとしても、公園やゴルフ場などで、あの不思議な鳥の渡りを見て、季節の移ろいを感じることもできます。さらに、台所の窓辺の小さな植木鉢にまかれた一粒の種子さえも、芽をだし生長していく植物の神秘について、子どもと一緒にじっくり考える機会を与えてくれるのです。

カーソンは『センス・オブ・ワンダー』で、生きものや自然の「美と調和」に接することの大切さを語り、破壊と荒廃へと突き進む現代社会のあり方にブレーキをかけ、自然との共存という「べつの道」を見いだす希望を、幼いものたちの感性のなかに期待しています。そして、地球（自然）の美しさと神秘を感じとる感性、「センス・オブ・ワンダー」を大人になってからももち続けることは、地球の「環境と生命」、すなわち「自然と人間」のつながりを健全に保つために必要なことなのです。さらに、自然（エコシステムである生態系）に対してだけでなく、人間がつくり出した社会システムに対しても、その感性を敏感にはたらかせていく必要があります。

「環境と生命」の思想

『センス・オブ・ワンダー』や『沈黙の春』をはじめとするカーソンの作品から、彼女の意思を未来に向かって語り継ぐとき、次に示す六つのセンス（Sense）にまとめることができます。それらはまた、カーソンの「環境と生命」の思想であり、「自然と人間」の思想を形づくるものです。

1　自然や生命の神秘さや不思議さに目をみはる感性（Sense of Wonder）

カーソンは、すべての子どもの成長を見守る善良な妖精に話しかけることができたら、世界中の子どもに、生涯消えることのない「センス・オブ・ワンダー＝自然や生命の神秘さや不思議さに目をみはる感性」を授けてほしいとたのむでしょうと、破壊と荒廃へと突き進む現代社会のあり方にブレーキをかけ、自然との共存という「べつの道」を見いだす希望を、子どもたちの感性のなかに期待しています。

子どもたちのセンス・オブ・ワンダーは自然にそなわっているので、わたしたちはそれを新鮮なまま保ち続けることが必要なのであると述べているように、教育の過程を通じて子どもたちのセンス・オブ・ワンダーを維持していくことが大切です。

「環境基本法」（1993年制定）に基づく政府全体の基本的計画である「第一次環境基本計画」（1994年）では、環境教育の推進に際して重視・留意すべき点として、「自然の仕組み、人間活動と環境の関わり、その歴史・文化等についての理解だけではなく、自然とのふれあい体験等を通じて自然に対する感性や環境を大切に思う心を育てること、とくに、子どもに対しては、人間と環境の関わりについての関心と理解を深めるための自然体験や生活体験の積み重ねが重要である」と指摘しています。この感性は、まさにセンス・オブ・ワンダーであり、カーソンが『センス・オブ・ワンダー』でわれわれに語りかけた内容そのものなのです。

2　生命に対する畏敬の念（Sense of Reverence）

カーソンは、わたしたちが生存しつづけるためには、生態系のすべての構成員をふくめて自然と共存することの必要性を認識しなければならないと強調しています。この世を去る少し前に、野生生物保護委員会の理事になり、「人間は、すべての生物に対して思いやりをかけるシュヴァイツァー的倫理——生命に対する真の畏敬——を認識するまでは、けっして人間同士の間でも平和に生きられないであろう」とみずからの生命についての考えを残しています。

3　自然との関係において信念をもって生きる力（Sense of Empowerment）

『センス・オブ・ワンダー』で「地球の美しさについて深く思いをめぐらせる人は、生命の終わりの瞬間まで、生き生きとした精神力をもちつづけることができるでしょう」と。自然界に接することの喜びと意義は、科学者だけが享受するものではありません。「自然の美は、あらゆる個人や社会にとって、かれらが精神的な発達をとげるために必要な場である」とカーソンは確信しています。

4　科学的な洞察（Sense of Science）

『沈黙の春』のなかで、殺虫剤をはじめとする化学物質の生物への蓄積データから、生態学的な方法により食物連鎖《しょくもつれんさ》による生物間のつながりを明らかにして、最後には、その影響が人間に及ぶことを警告しています。これらは、化学物質の生態系に悪影響を及ぼすおそれ、すなわち生態リスクの考え方に結びついています。また、ＤＤＴによる鳥類への生殖異常から環境ホルモンの存在を予見していました。

一方で、胎児や年端もゆかぬ子どもに対する化学物質の低濃度曝露《ばくろ》によるリスクに着目しています。胎内で活発に細胞分裂を繰り返す胎児、あるいは乳幼児などは、化学物質の影響を受けやすいのです。これらは、未然に健康被害を回避するための化学物質の健康リスクの考え方に結びつきました。

いまでは、健康リスク評価を発がん性や内分泌かく乱性と低濃度曝露に着目しておこない、環境リスク（健康リスクと生態リスク）の観点から化学物質の規制をおこなっています。

また、化学物質の複合汚染による相乗効果を予測しています。さらに、農薬などによる化学的防除に代わる、遺伝学や生理生化学、生態学など生物学の方法による生物農薬などの生物学的防除の必要性を説いています。

5　環境破壊に対する危機意識（Sense of Urgency）

「植物は、錯綜《さくそう》した生命の網の目のひとつで、草木と土、草木同士、草木と動物のあいだには、それぞれ切っても切り離せないつながりがある。もちろんわれわれ人間が、この世界をふみにじらなければならないようなことはある。だけど、よく考えた上で手を下さなければならない。忘れたころ、思わぬところで、いつどういう禍《わざわ》いをもたらさないともかぎらない」と『沈黙の春』のなかで、自然の生態系が破壊されることへの危険性を指摘しています。わたしたちは、生態系の破壊、すなわち環境破壊に対する危機意識を日常においてもちつづけなければなりません。

6　自主的な判断（Sense of Decision）

「どんなおそろしいことになるのか、危険に目覚めている人の数は本当に少ない」「われわれ自身のことだという意識に目覚めて、みんなが主導権をにぎらなければならない。いまのままでいいのか。このまま先へ進んでいっていいのか。だが、正確な判断を下す

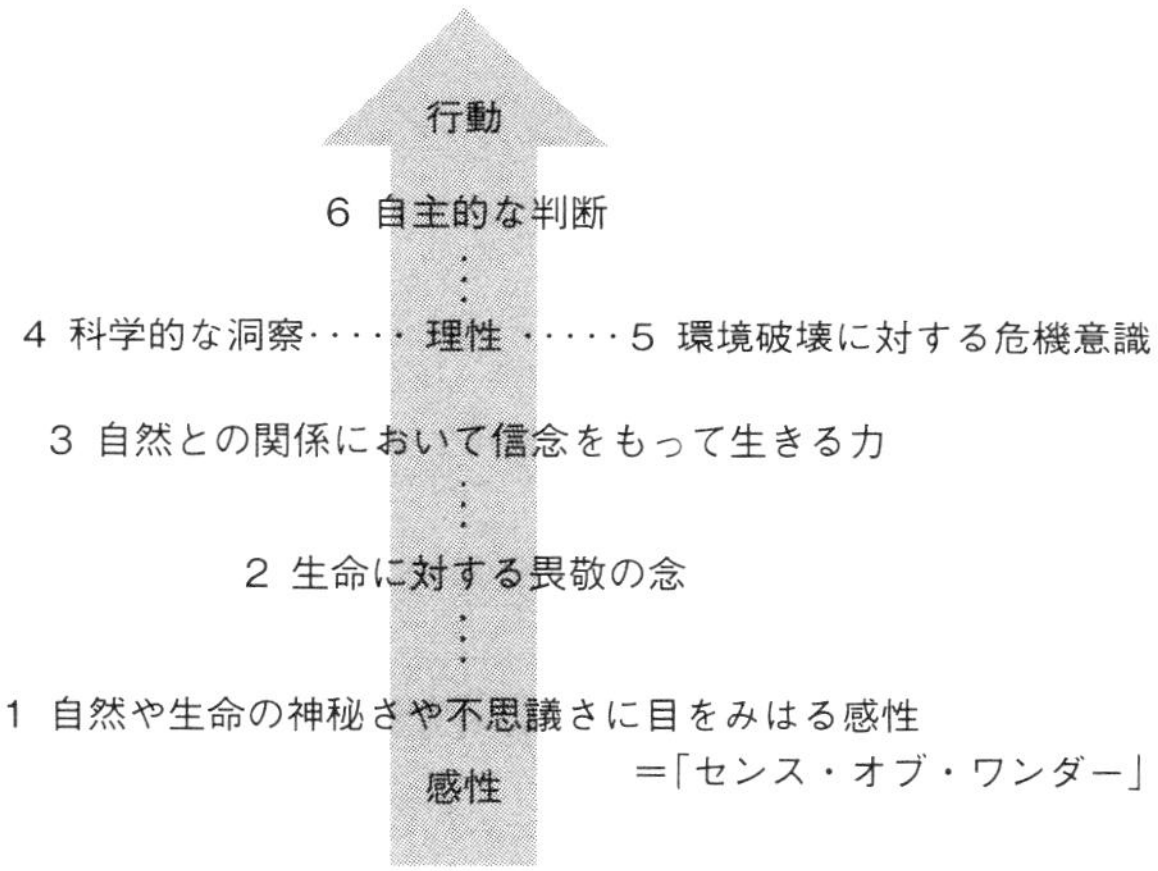

図12　6つのセンスのつながりと関係

には、事実を十分知らなければならない。ジャン・ロスタンは言う――《負担は耐えねばならぬとすれば、私たちには知る権利がある》」と『沈黙の春』で述べています。そして、安全で安心な社会のために、カーソンのいう「べつの道」（第6章参照）に進んでいくたしかな判断を、自分たちひとりひとりが下さなければならないのです。

以上の六つのセンスのつながりと関係を示すと図12のようになります。「自然や生命の神秘さや不思議さに目をみはる感性（センス・オブ・ワンダー）」「生命に対する畏敬の念」「自然との関係において信念をもって生きる力」のこれら三つのセンスは、「センス・オブ・ワンダー」の感性をもとにつながります。さらに、これら三つのセンスをもとに「科学的な洞察」と「環境破壊に対する危機意識」について理性をはたらかせることで、わたしたちひとりひとりの「自主的判断」はなされ、それが内から発せられる行動（ライフスタイル）、さらには「等身大の生き方」につながるのではないでしょうか。ここでの理性とは、ものごとを分析し論理的に考える能力のことです。

牧師になってからのシュヴァイツァーは、教会での説教のなかで「理性とは、認識と幸福とを求める欲求である。すべての認識は、生命の謎《なぞ》に対する驚きである。『認識』とは、結局は『生命への畏敬』なのである」と説いています。「生命の謎に対する驚き」は「センス・オブ・ワンダー」そのものです。

「自主的判断」は、「センス・オブ・ワンダー」による「生命への畏敬」と幸福を求める理性によってなされるべきでしょう。さらにまた、このような理性によって次章にみる「環境と生命」の倫理、すなわち地球の倫理に気づくのではないでしょうか。この倫理は、「習慣」を意味するギリシャ語、ethos《エートス》という言葉に由来。習慣的な行動の指針となる一般的な信念や態度ないし標準のことです。

第5章　地球の倫理

「環境と生命」の倫理

『沈黙の春』で「この地上に生命が誕生して以来、生命と環境という二つのものが、たがいに力を及ぼしあいながら、生命の歴史を織りなしてきた」と。さらに、海辺に足を踏み入れるたびに「生物どうしが、また生物と環境とが、互いにからみあいつつ生命の綾《あや》を織りなしている深遠な意味を、新たに悟るのであった」とカーソンは語っています。

第1章の「生命の織りなす多様性」でみたように、海辺にかぎらず地球はさまざまな「環境と生命」からなります。地球の倫理はその「環境と生命」のつながりや関係にかかわる倫理です。それは「環境の倫理（環境倫理）」と「生命の倫理」からなり、さらに「生命の倫理」は生物倫理と人間倫理からなります。

まず環境倫理は、人と環境（自然）のつながりや関係にかかわる倫理です。たとえば、

「人間は自然界の動物と違う、といくら言い張ってみても、人間も自然の一部にすぎない」と『沈黙の春』のなかでカーソンは述べています。これは「人間は自然の一部である」という環境倫理の前提を規定します。

つぎに「生命の倫理」は、前述したように生物倫理と人間倫理によって構成されると考えられます。生物倫理は、人と生物の、人間倫理は人と人のつながりや関係にかかわる倫理です。カーソンは「人類全体を考えたときに、個人の生命《いのち》よりもはるかに大切な財産は、遺伝子であり、それによって私たちは過去と未来につながっている」と述べています。この遺伝子に影響がおよぶのは「私たちの文明をおびやかす最後にして最大の危険」なのです。

その遺伝子レベルへの介入が問題になるのは、たとえば、遺伝子組み換え操作により作りだした組み換え作物のように「人が、ある生物の『あり方』を決めることにつながってしまう」という生物倫理にかかわるものです。組み換え作物とは、ある生物から取り出した有用な遺伝子をべつの生物に組み込むことによって、病気や害虫に強いなど新しい性質を加えた作物のことです。

他方、その遺伝子レベルへの影響が問題になるのは、化学物質（化学的発癌性物質）や放射能（第2章参照）のように、「他人が、ある人間の『あり方』を決めることにつながってしまう」という人間倫理にかかわるものです。ここでの「他人」とはこれまでに化学物質や放射能を作りだした人間であり、「ある人間」とは将来世代の人間のことです。

今日、人間をとりまく地球環境が深刻な危機に陥っていることについては、さまざまに論じられています。こうした問題に対して、単に技術的、プラグマティック（実利的）にアプローチするのみでなく、「自然とは何か、人間とはいかなる存在か、人と自然の関係はどのようか、自分と他人との関係はどのようか」などの究明をふまえて、そこから問題を倫理的に考察していくものでなければなりません。

その自覚や了解があってはじめて、カーソンのいう自主的判断による内発的な行動につながるのではないでしょうか。そのことで「いかに生きていくか」というこころの意識や価値観の基盤も確立されると考えられるからです。そして地球の倫理は「未来に繋《つな》ぐこの地球《こころ》を守れる」（「殺せんせーションズ」作詞 Vandrythem）のではないでしょうか。

つまり地球の倫理はこころの倫理でもあるのです。

環境倫理

アメリカにおいて「人間は自然の一部である」（生態系中心主義）という考え方をはじめて明確に示したのは、元ウィスコンシン大学教授アルド・レオポルド（１８８７－１９４８）だといわれています。それまでは、アメリカの思想家ラルフ・ワルド・エマソン（１８０３－８２）が「人間は自然界の主人公」（人間中心主義）と位置づけているように、自然とは対峙《たいじ》すべきものであり、ただ利用すべきものでした。

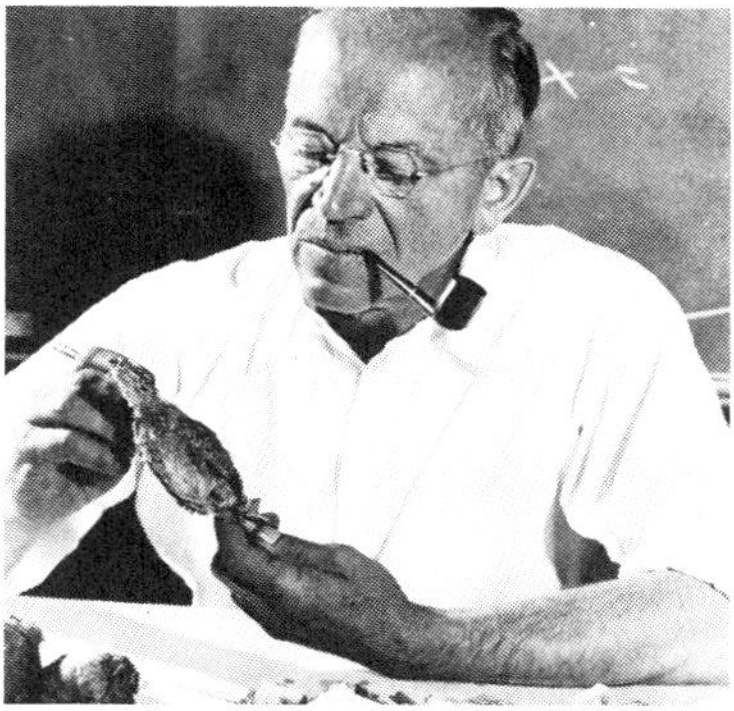

アルド・レオポルド

レオポルドは、『野生のうたが聞こえる』（１９４９年）のなかで、「土地倫理（land ethic）」という考え方を提起して、「土地は所有物ではない」

と主張しました。ここでいう「土地」とは、生態系のことであり、「物事は、生物共同体の全体性や安定性、美観を保つものであれば妥当だし、そうでない場合は間違っているのだ」としています。一方、シュヴァイツァーから思想的な影響を受けていたカーソンは、「人間も自然の一部にすぎない」と人間も自然の織りなす網の目（食物網《しょくもつ》）の一部を形成する存在にすぎないと考えました。これは環境と生命（自然と人）のつながりや関係にかかわる倫理（環境倫理）でもあります。

カーソンは潮溜《しおだま》りの「壊れやすい春の花園」を観察したときの共感や、雨が降るととりわけ生き生きとして鮮やかに美しくなるメインの森をロジャーと一緒に散歩したときの一体感について述べています。このような生きもの（生命）とのふれあいの原体験によって培われた感性（センス・オブ・ワンダー）は、その後、生命についての知恵を形成し続け、環境（自然）についての深い洞察の「ものさし」になります。

このような自然のなかで生命に触れる直接体験や、そこでの感性の芽生えからさらに進んで、生態系全体との共感や一体感をはぐくむこと（自然体験）は環境教育の基盤のひとつでもあります。環境教育では、「自然への感性」「生態系への共感と一体感」「生命の尊重と生物多様性への畏敬《いけい》の念」の三つをはぐくむことが重要とされます（日本環境教育学会）。

レオポルドも、「土地倫理」の意味を「個人」の経験から「生態系」についての経験へと広げて、生態系全体との共感や一体感について次のように述べています。「水の調べは誰の耳にも聞こえる。……この調べをほんの数小節聞けるようになるにも、まずここで長期間暮らし、丘陵や川のおしゃべりを理解できるようになることが必要だ。すると、この音楽が聞こえてくるだろう。幾千もの丘陵に刻まれた楽譜、草木や動物の生ける者と死せる者が奏でる調べ、秒という時間と世紀という時間とを結ぶ音律――以上が渾然《こんぜん》一体となった大ハーモニーが」（『野生のうたが聞こえる』新島義昭訳）と。

だれもがもっている美的な情感は、センス・オブ・ワンダーの感性をはたらかせることで、個人から生態系についての経験へと広がり、より普遍的で持続的なものとして洗練されます。この美的情感によって、生命のリズムと宇宙のリズムの調和を感じとることができます。それは「幾千もの丘陵」という空間を超え、生けるものと死せるもの、秒と世紀の時間を「渾然一体」に結びつける情感であり、それが「土地」（生態系）の倫理、すなわち環境倫理に気づかせてくれます。

生物倫理──「生命の倫理」①

カーソンは『沈黙の春』の執筆のきっかけをその「まえがき」で次のように述べています。「1958年の1月だったろうか、オルガ・オーウェンズ・ハキンズが手紙を寄こした。彼女が大切にしている小さな自然の世界から、生命という生命が姿を消してしまったと、悲しい言葉を書きつづってきた。まえに、長いこと調べかけてそのままにしておいた仕事を、またやりはじめようと、固く決心したのは、その手紙を見たときだった。どうしてもこの本を書かなければならないと思った」と。

当時、戦後空前の好景気に沸く中、「自然の征服」をめざしてすすんできた人間。そのため、人間は農薬の空中撒布《さんぷ》（大量撒布）をくりかえし、昆虫を駆除し、生物を駆逐したあげく、わたしたちが住んでいるこの大地にも破壊の鉾先《ほこさき》を向けてきたのです。当時、ミシガン州やイリノイ州では、マメコガネ駆除のためにアルドリンなどが、セスナ機によって上空から大量撒布されていました。アルドリンはDDTの100倍から30

0倍も毒性の強い有機塩素系殺虫剤です。マメコガネは、アメリカの主要作物である大豆やトウモロコシに被害を与えたのです。

マメコガネは金属性の緑色の光沢をもつコガネムシで、最初に発見されたのは、ニュージャージー州で１９１６年のことです。リヴァートンの近くの苗床に、二、三匹あらわれたのでした。はじめは正体不明だったのですが、そのうち、これは日本にたくさん棲息《せいそく》しているマメコガネであることがわかりました。１９１２年輸入に制限が加えられるまえに、日本から苗木について入ってきたらしいのです。

マメコガネ（*Popillia japonica*）

すでにこの当時もマメコガネの場合、中国などから天敵である寄生バチを輸入し、それによって防除する生態学的方法や、バクテリアを使って防除する方法などの生物学的防除（生物農薬）をとることもできたのです。しかし、毒性の強い殺虫剤（アルドリン）による防除方法（化学的防除）がとられたのです。

「毒の雨が降りそそいだあと、野生生物の世界はどうなるのか。実に無残にも、ムクドリ、野ヒバリ、キジ、コマツグミなどの鳥が死に、ジリスやウサギ、その他の生き物が犠牲になった」「もっとあわれだったのは、ジリスだった。どんなに苦しんだか、その死体はその跡を無言のうちに語っていた。《背中を丸め、指をかたくにぎったまま前足は胸のあたりをかきむしり……頭と首をのけぞらせ口はあいたままで、泥がつまっていた。苦しみのあまり土をかみまわったと考えられる》」「生命あるものをこんなにひどい目にあわす行為を黙認しておきながら、人間として胸の張れるものはどこにいるであろう?」と。

これは、人間が殺虫剤を用いることで、鳥やジリスなどの「生物の『あり方』を決めることにつながってしまう」という生物倫理にかかわるものです。さらに「飼ネコ、牛、野原のウサギ、空高くまいあがり、さえずるヒバリ、などみんな。でも、いったいこの動物のうちどれが私たちに害をあたえるというのだろうか。むしろ、こうした動物たちがいればこそ、私たちの生活は豊かになる」と。

カーソンはこの世を去る少し前に、野生生物保護委員会の理事になり、「人間は、すべての生物に対して思いやりをかけるシュヴァイツァー的倫理――生命に対する真の畏敬――を認識するまでは、けっして人間同士の間でも平和に生きられないであろう」（古草秀子訳）とみずからの生命についての考えを残しています。

シュヴァイツァーは、「生命にたいする畏敬の倫理は、生命・生物のあいだに上下、あるいは優劣の区別をいっさい行なわない。そうしないことには十分な理由がある。われわれは生物のあいだに厳格な価値の序列化を行なっている。だが、実際にはわれわれが、それら生物がわれわれにより近いところに位置しているように見えるか、それともより遠いところに位置しているように見えるかという、われわれとの関係において判断しているにすぎないとするならば、何のためにわれわれはそんなことをしているのだろうか。これはまったく主観的な基準である」（須藤自由児訳）と。さらに、「われわれはいかにして、他の生き物が、それじたいにおいて、また宇宙との関係において、有している重要性を知ることができるであろうか」と述べています。

このようなシュヴァイツァーのあらゆる生命を尊ぶことこそ倫理の根本でなければならないとの思想「生命に対する畏敬の倫理」は、生物倫理に結びついています。

カーソンは問いかけます。毒性の強い殺虫剤の大量撒布について「何のための大破壊?」なのか。「静かに水をたたえる池に石を投げこんだときのように輪を描いてひろがってゆく毒の波――石を投げこんだ者はだれか。死の連鎖をひき起した者はだれなのか。……たとえ不毛の世界となっても、虫のいない世界こそいちばんいいと、……きめる権利がだれにあるのか」と。そして「恐ろしい武器を手にして、その鉾先を昆虫に向けていたがそれは、ほかならぬ私たち人間の住む地球、そのものにむけられていた」のです。

人間倫理――「生命の倫理」②

人間による農薬など化学物質の乱用について、「これから生れてくる子どもたち、そのまた子どもたちは、何と言うだろうか。生命の支柱である自然の世界の安全を私たちが十分守らなかったことを、大目にみることはないだろう」と、そして「こうした問題の根底には道義的責任――自分の世代ばかりでなく、未来の世代に対しても責任を持つこと――についての問い」があるとカーソンは『沈黙の春』のなかで述べています。

これは「自分の世代」が、『『これから生れてくる子どもたち、そのまた子どもたち』（未来の世代）の『あり方』を決めることにつながってしまう」という人間倫理にかかわるものです。すなわち、世代間倫理についてカーソンは述べています。

2010年、すでに世界の発電容量で、再生可能エネルギーが原子力を超え、「21世紀の再生可能エネルギーネットワーク」（REN21、本部ドイツ）の調査結果によると、2013年末にはバイオマス（ゴミや木材などの廃棄物や下水汚泥）などの熱利用まで含めると、再生可能エネルギーは世界の全エネルギー消費のほぼ20％をカバーし、原子力の2・6％を大きく上回っています。原子力と再生可能エネルギーを、もとになる燃料（エネルギー）や発電時の特徴などで比較すると大きく異なります（表3）。それぞれにメリットとデメリットのあることが分かります。

福島第一原発事故（以下、原発事故）に欧州諸国は即座に反応し、いくつかの国（イタリアやスイス、オーストリア、ドイツ、ベルギー、スウェーデンなど）は脱原発を決めました。なかでも、2022年末までの脱原発（全17基の原子炉の稼働を停止）にかじを切ったドイツでは、2013年の国内総発電量に占める再生可能エネルギー（風力やバイオマス、太陽光など）の割合が23・4％と過去最高となりました（ドイツ・エネルギー水利事業連盟）。

『存在と時間』などの著作で著名なドイツの哲学者マルティン・ハイデッガー（1889－1976）は、「核（原子力）の平和利用が人間の全ての目標設定と使命を規定するようになると、人間は自らの本質を失わねばならぬ」「人間は原子力エネルギーによって生きていけず、逆に滅んでいくだけだ。たとえ原子力エネルギーが平和目的にのみ使われたとしても」（『世界の名言100選』金森誠也監修）と述べています。邦訳されたのは1960年。広島と長崎に投下された原爆のことは知っていても、チェルノブイリ原発の大事故はまだ起きていません。「平和利用」の名で広がりつつあった原発の危険性をかれは見ぬいていたのです。

2011年5月30日、ドイツの哲学者や宗教家、社会学者、政治家ら17人で構成された「より安全なエネルギー供給に関する倫理委員会」の報告書は、計り知れない深刻なリスクを抱えた原発の利用に「倫理的根拠はない」と結論づけ、ドイツ政府に廃炉を勧告し、政府は国内すべての原発の廃炉を決定しました。

	原子力エネルギー	再生可能エネルギー
特徴（利用時）	・理解に高度な専門的知識が必要 ・統合的 ・自然界から隔離	・感覚的に理解しやすい ・分散的 ・自然界とのつながり
燃料	・持続的な核分裂という自然界にない状態を利用	・使用の有無にかかわらず存在する自然の状態を利用
利用時の資本	・集約的・大型化 ・特定の人間が関与	・多岐にわたる・小型化 ・比較的だれでも参入可能
特徴（発電時）	・CO_2 排出なし ・放射性廃棄物が発生する	・CO_2 排出なしがほとんど ・放射性廃棄物が発生しない
需要への対応	・発電が固定的で、需要を過剰な供給に合わせる必要あり	・発電が変動的なものもあり、需要を低い供給に合わせる必要あり
運用	・情報管理が必要	・情報公開が必要

表３　原子力エネルギーと再生可能エネルギーとの比較　勝田 2013 をもとに作成

報告書では、その理由を次のように説明しています。「原子力の利用とその停止、さらには停止にあたっての代替エネルギーによる穴埋め、こうしたことに関わる一切の決定は、社会における価値決定にその根拠をもつ。こうした価値決定は、技術的側面や経済的側面に先行する」と。原発問題が、その負債を将来世代に継続させないという「倫理問題」として位置づけられたのです。この場合の倫理は、カーソンが『沈黙の春』で取り上げた「世代間倫理」（人間倫理）を意味します。

２０１５年３月９日にドイツのメルケル首相が７年ぶりに来日しました。ドイツの脱原発政策への転換については「核の平和利用には賛成してきた、原発事故で考えを変えた。日本という高度な技術水準をもつ国でも事故が起きることを如実に示した。想定外のリスクがあることが分かった」と、事故の衝撃の大きさが引き金となったことをあらためて強調しました。

日本でも、政府のエネルギー基本計画（２０１４年）で、原発は石炭火力発電などとともに「重要なベースロード電源」と位置づけ再稼働を推進するものの「原発依存度を可能な限り低減する」方針を決めました。ベースロード電源とは、太陽光や風力などの再生可能エネルギーとはちがって、季節や天候、昼夜を問わず、一定量の電力を安定的に低コストで供給できる電源のことです。ところが、いま世界の多くの先進国では、原発は高リスク、高コストの電源だと受けとめられています。原発事故の経験と、その結果、各国で導入された安全規制の強化がそれに拍車をかけました。

一方で、再生可能エネルギーは価格が急速に下がり、大量の導入が進んだ欧州諸国ではエネルギー供給の安定性も増しています。再生可能エネルギーが純国産であるのに対し、原発は「準国産」とよばれますが、海外のウラン資源に依存する点では石油や石炭などの化石燃料と同じで供給の安定性が必ずしも高いとは言えません。

２０１１年3月11日14時46分に発生した地震により、福島第一原発は、強い揺れならびに高さおよそ14〜15ｍの津波によって全電源を失い、原子炉の冷却が不能となり、炉心溶融、水素爆発、そして放射性物質の放出という大きな事故をもたらしました。原発は地震などの緊急事態においていったん制御不能に陥れば、わたしたちの生存そのものを危うくするのです。

また、国内においてはいまだ最終処分場のあてのない膨大な使用済み核燃料や「死の灰」（核のゴミ）といわれる放射性廃棄物があり、はるか未来の世代にまでも多大なリスクをおよぼします。放射能を無害化するのに要する時間は、低レベル廃棄物で３００年、高レベルになると10万年以上ともいわれ、放射性廃棄物をかかえた原発が「トイレのないマンション」にたとえられる理由もここにあります。「いったいなんのために、こんな危険を冒しているのか——この時代の人はみんな気が狂ってしまったのではないか、と未来の歴史家は、現代をふりかえって、いぶかるかもしれない」とカーソンは

『沈黙の春』で述べています。

古代ギリシャの哲学者アリストテレス（前384－前322）は、ある目的を果たすための手段は「立派」でなければならないといいました。では、発電の手段である原発は「立派」なのか、どうか。脱原発を決めたドイツの倫理委員会は、「計算高い理性」（経済的理性）に縛られることなく、人間存在の本質にかかわる「感性につながれた理性」（倫理的理性）で判断したのではないでしょうか。

第6章　「べつの道」を考える

「つつましき文明国」

「私たちは、いまや分れ道にいる。だが、ロバート・フロストの有名な詩とは違って、どちらの道を選ぶべきか、いまさら迷うまでもない。長いあいだ旅をしてきた道は、すばらしい高速道路で、すごいスピードに酔うこともできるが、私たちはだまされているのだ。その行きつく先は、禍《わざわ》いであり破滅だ。もう一つの道は、あまり《人も行かない》が、この分れ道を行くときにこそ、私たちの住んでいるこの地球の安全を守れる、最後の、唯一のチャンスがあるといえよう」（カーソン）。

アメリカの詩人ロバート・フロスト（1874－1963）の有名な詩「行かなかった道（The Read Not Taken）」（1920年）は、「森の中で道が二つに分かれていた／残念だが両方の道を／進むわけにはいかない」ではじまり、長い間立ち止まってどちらを選ぶか迷ったあげく「私は……／人があまり通っていない道を選んだ／そのことが／どれだけ大きく／私の人生を変えたことかと」と結んでいます。

21世紀の日本は、人口減少と少子高齢化が進む社会になります。それとともに、核家族化や、家族や家庭の役割分担の変化、女性や高齢者の社会進出、都市化、地方と中央の格差などのこれら社会の変化により、豊かな時代に生まれた世代の価値観の座標軸（ものさし）は変わりました。競争より共生、「所得向上による物量的な豊かさ」より「余暇時間の増加がもたらす多様な価値観に基づく新しい豊かさ」を尊重します。「物」より「心」、「効率」より「安定」を求めるようになっています。

さらに、震災後の「生活の豊かさについて何かあなたの価値観で変化があったこと」についてのアンケートでは、「身近なところにある重要性に気がついた」がもっとも多く、「無駄」や「贅沢《ぜいたく》」を除いた質素でつつましい生活や、家族や友人との「つながり」「絆《きずな》」を重視する意見などが目立ちました（日本エネルギー経済研究所・山下ゆかり）。

また、日本は国内総生産（GDP）を指標にすると、将来「先進国から転落しかねない」との報告があります。「先進国」や「経済大国」でなくとも、「つつましき文明国」

（歌人・長谷川櫂《かい》）であればよいといいます。すなわち、経済的な価値（効率性）を追求するあまり、「すばらしい高速道路」で過剰な利便性を享受しましたが、それによって失ったものもあるのではないでしょうか。その、いわば、モノの「量」の「豊かさ」から「質」の「豊かさ」への転換のなかにこそ、日本の将来像は見いだされるべきなのでしょう。「つつましき文明国」であるために「必要なもの不必要なもの」を経済と社会のなかで見きわめるところから始まります。それが「もう一つの道」への第一歩につながるのではないでしょうか。

環境・生命文明社会

アメリカの環境学者デニス・メドウズ（１９４２－）らの『限界を超えて』（１９９２年）は、その20年前に書かれた衝撃のレポート『成長の限界』以後の世界の変化をふまえ続編として出版されました。現代世界がこのまま経済成長を追求すれば、環境破壊を中心として事態はさらに悪化の一途をたどり、人類社会にはもはや破滅しか残されていません。破滅を避けるためには「持続可能性を追求する革命」が、いま早急に必要であるというものでした。「すばらしい高速道路の行きつく先は、禍いであり破滅だ」とするカーソンの立場、その破滅を避けるための「べつの道」は、「持続可能性を追求する革命」というメドウズらの立場に近いとみることができるでしょう。

21世紀環境立国戦略（2007年）で謳《うた》われた低炭素社会、循環型社会、ならびに自然共生社会を統合した社会の構築という基本施策は、今後とも堅持していくものでしょう。これらは決して目指すべき社会が複数存在するわけではありません。それぞれの側面の相互関係をふまえ、わたしたち人間も地球という大きな生態系の一部であり、地球によって生かされているという認識のもとに、統合的な取り組みを展開していくことが不可欠なのです。

低炭素社会とは、気候に悪影響を及ぼさない水準で大気中の二酸化炭素などの温室効果ガス濃度を安定化させると同時に、生活の豊かさを実感できる社会。循環型社会とは、資源採取、生産、流通、消費、廃棄などの社会経済活動の全段階を通じて、3R、すなわちReduce（リデュース＝廃棄物の発生抑制）、Reuse（リユース＝再使用）、ならびにRecycle（リサイクル＝再資源化）の取り組みにより、新たに採取する資源をできるだけ少なくした、環境への負荷をできる限り少なくする社会。自然共生社会とは、生物多様性が適切に保たれ、自然の循環にそうかたちで農林水産業をおこなうことで、自然の恵みを将来にわたって享受できる社会のことです。

しかし、東日本大震災（以下、震災）の経験を踏まえ、安全・安心な社会づくりの重要性が再認識されたいま、それを三つの社会像にもうひとつ付け加えるのではなく、それらの根底にあるものと位置づけ、持続可能な社会が構築されると考えるべきでしょう。本来、原発再稼働のための安全基準のように「安全」は科学的根拠をもって国が定めるものの、「安心」は主観的概念であるので、個人ひとりひとりが判断するという指摘がされています。安全についてのコミュニケーションを十分に取ることで、相互理解が深まり、その信頼関係によって人びとは安心を得るのです。ここでの持続可能な社会とは、健康で恵み豊かな環境が地球的規模から身近な地域まで保全されるとともに、それらを通じて世界各国の人びとが幸せを実感できる生活を享受でき、将来世代にも継承することができる社会のことです。

安全・安心で持続可能な社会を構築することは、「地域の活性化」や「ライフスタイルデザイン」といったキーワードを軸とした「環境・生命文明社会」（環境省）の実現へとつながるものです。そのために、20世紀の大量生産、大量消費型に代表される物質文明社会から、エネルギーや資源を浪費することなく、自然や人とのつながりを実感できる社会の実現を目指します。これまでの物量的な豊かさだけではなく、日本人が大切にしてきた人と人とのつながり（礼儀正しさや謙虚さ、思慮深さなど）や、自然との共生など生命《いのち》のつながり（いのちの共生）を実感できる質的な豊かさに重点を置いた政策が２０１４年度から整理・展開されています。環境・生命文明社会が目指す社会は従来の発想や価値観からの転換を迫っています。

減災とレジリエンス

ここで、安全・安心な社会づくりに際して、震災後、二つのキーワードが重視されるようになってきました。それは「減災」（表4）と「レジリエンス（resilience）」です。これらの言葉には、今回のような大震災では、科学技術的な対策には限界があり、いかに災害からの被害を軽減するかが問われているからです。

『平成二四年版 防災白書』（内閣府）において、被害を完全に防げない大災害を想定し、被害を最小化する「減災」の考え方を対策の基本とする必要性が示されました。震災では市町村庁舎が被災し、行政機能が低下した自治体が相つぎました。このため、国や自治体の「公助」による災害対応の限界を踏まえた上で、国民ひとりひとりの「自助」や地域ごとの「共助」による防災の取り組みも重要だと指摘しています。

「生物科学について」のなかで、生態学という新しい科学の存在を強調して、「この力（生物を統制する広大無辺の力）と闘うよりも、むしろ調和して生きることを学べるかどうかに、人類の未来の幸福が、そしておそらくは、その生存がかかっている」と「人と自然の調和」の必要についてカーソンは述べています。これは、生態学を通じた減災やレジリエンスにつながる考え方です。

防災は、災害から人命や財産を守り抜くことを追求するという発想です。それに対して減災は、災害は避けられない場合もあることを前提に、人命救助を最優先し、災害による被害を減少させるという発想です（表4）。両者を意識的に使い分け、とくに大災害では減災の発想に立つことが重要です。たとえば、高台などへの避難道路を整備し、

対象とする津波	レベル１津波	レベル２津波
	近代で最大 数十年から百数十年に１回程度の発生	最大級 500年から1000年に１回程度の発生
津波防御施設整備の考え方	防災	減災
	・人命を守る ・財産を守る／経済活動を守る	・人命を守る ・経済的な損失を軽減する ・大きな二次災害を引き起こさない ・早期復旧を可能にする

注）東日本大震災で発生した津波はレベル２に相当

表４　国の津波防御の防災と減災の考え方　三舩 2013 より

リスク情報が住民に的確に伝わるようにすれば、多くの人命を守ることができるはずです。

またさらに、レジリエンスは、災害をしなやかに受け止めながら、場合によっては、それを新しい社会づくりにいかすという、したたかな思想です。過去、日本列島では数知れない自然災害が起きていました。しかし、人びとはその時代の社会における自助・共助・公助による取り組みを通して、地震や津波、台風などの災害リスクを低減するためにレジリエンスの力、すなわち「何があってもしなやかに立ち直れる力」（枝廣淳子）を高めてきたのです。

これまでの「危機を未然に防ぐ」という防災の考え方は、えてして「対抗しよう」「克服しよう」という姿勢につながりがちです。しかし、自然災害に対しては「リスクと向き合い、受け入れたうえで、危機的状況を防ぐ方策、つまり被害を最小限にするにはどうあるべきか」を考える必要があります。それがまさに「減災」と「レジリエンス」の発想であり、「人と自然の調和」の思想をもつことです。そのことによって、われわれは、大災害の「災間」を生きているという認識にいたることもできるのです。それはまた、「災害が起きても大きな被害が出ない社会」という確信を得ることが、震災を経験した次代の日本の力にもなるのです。

一般に災害被害を低減させる（減災）、すなわちコントロール（危機管理）するには、自助・共助・公助それぞれの取り組みが欠けることなく実施されることが必要となります。自助とは、自分の身は自分で守ることであり、防災（避難）訓練などの啓発活動によって強化できます。たとえば、岩手県釜石《かまいし》市の防災教育によって、日ごろから合同で避難訓練を重ねていた小・中学校の児童・生徒は、大震災の際にそのほとんどすべての命が救われ、「釜石の奇跡」とよばれています。

共助は、ひとりひとりの自助には限界があるため、地域で協力し合って防災・減災力を高める行動のことです。具体的には、被災初期の救助や消火活動、避難所の運営、被災者のケアなどがこれにあたります。そして公助は、自衛隊の災害派遣をはじめ、警察や消防などによる組織的災害対応のことです。

それらを実施するには、個人、家庭、地域コミュニティー、学校、企業、地方自治体、国……。あらゆる過程、段階で、それぞれがコントロールを強く意識すること。さらには、具体的な対応と自分たちとを比較し、想像力をめぐらせることです。つまり、いま、自分がどんな場所で、また、いざという時、社会のなかでどんな役割を果たせるかを理解することではじめて、災害に備える(備災)方法もみえてきます。震災で身を守った人びとは、平時から準備や訓練を積み重ね、その時しっかりと実態を直視し、自分の頭で判断し行動したのです。

すなわち、自助・共助・公助それぞれの取り組みのなかで、ひとりひとりが知る・備え・行動するという防災・減災のための「行動変革」に前もって地道に取り組むことが、減災社会(resilient society)の実現につながるものです。さらに「ジャン・ロスタンは言う――《負担は耐えねばならぬとすれば、私たちには知る権利がある》」(カーソン)といわれるように「知識や情報がいのちをたすけてくれる時代に生きている」と考えなければなりません。

「私たちには知る権利がある」

社会における経済の規模が大きくなればなるほど、そのシステムは科学技術により複雑・巨大化します。その結果、リスク（よくないことの起こる可能性や確率）の実態が伝わりにくい、いわゆる「原発」的なものが現代社会には満ちています。わたしたちがリスクを強く感じるようになってしまう10の要因は、アメリカのハーバード大学リスク解析センターによると、「恐怖を強く感じる」「自分で制御できない」「子どもに関係する」などであり、どれもが原発にかかわるものです。

原発事故によって浮き彫りにされたのは、大震災という緊急事態においていったん制御不能に陥れば、わたしたちの生存そのものを危うくする複雑・巨大なシステムに身をゆだねていることへの不安でした。現代社会は、システムの複雑さ、巨大さに起因するリスクの不確実性からのがれることはできないのです。

つまり、ドイツの社会学者ウルリッヒ・ベック（１９４４－）が、著書『危険社会』

（1986年）で「いまや政府の役割は『富の再分配』から『リスクの分配』へと転換しつつある。『リスク社会』の出現である」（表5参照）と指摘したように、原発事故は科学技術が「ゼロ・リスク」ではありえず、かならず社会的リスク（人びとへのリスクの分配）をともなうことを知らしめたのです。

『沈黙の春』のなかで「私たち自身のことだという意識に目覚めて、みんなが主導権をにぎらなければならない。いまのままでいいのか、このまま先へ進んでいっていいのか。だが、正確な判断を下すには、事実を十分知らなければならない。ジャン・ロスタンは言う――《負担は耐えねばならぬとすれば、私たちには知る権利がある》」とカーソンは強調します。

これに呼応するかのように「原子力災害対策指針」（2012年10月31日、原子力規制委員会）の前文には、「国民の生命、身体の安全を確保することが最重要という観点から、住民に対する放射線の影響を最小限に抑える防護措置を確実なものとすること」を目的に、その事前対策には「住民への情報伝達に関する責任者および実施者をあらかじめ定め、集落の責任者や住民に迅速かつ正確な情報が伝達されるような仕組みを構築するこ

①自然災害のリスク	⑧放射線のリスク
②都市災害のリスク	⑨廃棄物リスク
③労働災害のリスク	⑩高度技術リスク
④食品添加物と医薬品のリスク	⑪グローバルリスク
⑤環境リスク	⑫社会経済活動に伴うリスク
⑥バイオハザードや感染症リスク	⑬地政学的リスク
⑦化学物質のリスク	⑭投資リスクと保険

①風水害と火山・地震災害など　②火災や爆発、輸送機関の事故など都市基盤施設の機能破壊による災害　③産業現場における災害　④健康障害や薬の副作用によるものであって、食生活や医薬品の安全・安心を求める市民の声は大きい　⑤化学物質の環境経由によるヒトの健康と生態系へのリスク　⑥ヒトの健康や生態系に悪影響をおよぼす生物種（病原微生物）によるものであって、エイズの発症や組換えDNAの導入の安全性など　⑦天然と合成物質、意図的と非意図的生成物（第1章）が区別され、分析・評価がなされる　⑧医療行為を通した曝露、ラドンなどの自然放射線起因のもの、原子力発電所等の労働や周辺の生活上の曝露、原子力関連施設の事故などに起因するもの、核爆発のリスクまで多様　⑨廃棄物そのもののリスク、廃棄物処理によってもたらされるリスク、さらに物質循環上のリスクを区別する　⑩遺伝子工学などの高度技術や、核融合や宇宙開発などの巨大技術の開発と産業化によってもたらされるリスク　⑪人間活動が地球的規模に拡大することによって、環境負荷や災害の影響が地球のすみずみに広がっている様子をいう。地球温暖化などの現象のみならず、気候変動などによる生活基盤の喪失がもたらす居住地移動や難民化などを含む　⑫家計・個人分野、企業分野、国家分野、および全地球分野でのリスク　⑬ある特定地域が抱える政治的・軍事的・社会的な緊張の高まりが、地球上の地理的な位置関係により、その特定（関連）地域の経済、あるいは全世界的に影響を及ぼすリスク。「地域紛争の勃発」や「テロの脅威」など　⑭個人や企業等の投資にともなって、金銭的、経済的リスクが生じる。また、経済主体のリスクへの対応としての保険。

表5　社会におけるリスクの源泉と類型　日本リスク研究学会2006をもとに加筆して作成

とが必要」とされています。

また、緊急事態応急対策の考え方として「可能な限り確実性の高い情報に基づき住民の防護措置を的確に講じることが必要」であり、住民への情報提供も緊急時には、「住民に正確な情報提供を迅速に、かつ、分かりやすい内容でおこなわなければならない」「情報は定期的に繰り返し伝達すべきである」とされています。さらに今後、詳細な検討等が必要とされる事項のひとつに「地域住民との情報共有のあり方」が挙げられています。

原発事故は「深刻な人災」（事故調査委員会）であり、高度な科学技術がもたらした未《み》曾《ぞ》有《う》の災害であり、「文明災」（梅原猛）ともいわれます。今回の震災によって、「科学と社会」の関係にかかわる多くの課題が提起されました。それらの重要な課題の多くに関係するのが、「科学」の伝え方や情報共有についての科学者（専門家）と社会とのコミュニケーションの問題です。

一方で震災は、リスク社会（表5）を生きぬくための人と人の絆をわたしたちひとりひとりに再認識させました。それは、地元・地区の消防団や全国から集まった災害ボランティアの人びととのつながりであり、携帯電話やパソコンなどネット上で複数の人が双方向に交流できるソーシャルメディアによるつながりでした。簡易ブログやツイッター、フェイスブックなどの時間を追ったコミュニケーションツールにより、メディアの報道だけでなく現場や専門家によるリスク情報などが集まり、ライフラインの機能を発揮することができたのです。

「正確な判断を下すには、事実を十分知らなければならない」。リスク社会を生きぬくためには、事実（正確な情報）を「知る権利」とともに、専門家や報道による情報だけでなく、わたしたちは双方向に情報を「知らせる義務」があります。「情報とは情けに報いること。報道とは人の道に報いること。人の道に報いないものは情報でも報道でもない」（冨田きよむ・報道写真家）のです。

いのちの共生

1956年5月1日の水俣《みなまた》病公式確認からまもなく60年を迎えようとしています（第3章）。その50年にあたる環境省主催の水俣病犠牲者慰霊式では、熊本県水俣市の不知火海《しらぬいかい》を見渡せる地に「水俣病慰霊の碑」が新たに建立《こんりゅう》（２００6年4月30日）されました。碑文「不知火の海に在るすべての御霊《みたま》よ／二度とこの悲劇は繰り返しません／安らかにお眠りください」には、水俣病の犠牲者だけでなく、魚、貝、海藻、鳥やネコなど不知火海をとりまくあらゆる生物に対する鎮魂の願いが込められています。それは、広島原爆慰霊碑文（１９５2年8月6日建立）「安らかに眠って下さい／過ちは繰返しませぬから」にはみられないあらゆるいのちが「共に生きている」という共生についての思想が読み取れるとともに、この50年で環境への意識がさま変わりしたことがわかります。どちらも科学技術に支えられた現代文明のあり方が問われています。

もともとこの地は熊本県の南端に位置し、海と山に囲まれた自然豊かな町でした。水俣湾周辺は、天然の魚礁に恵まれた魚類の産卵場であり、豊かな漁場でした。そこには小さな漁村が点在し、人びとは恵まれた海とともに自足した生活を営んでいました。漁業という伝統的な経済と共同体（人をとりまく多様な生命を含めた生命―環境―社会のつながりによる共生の空間）であるムラ社会、それに不知火海という自然（生命―環境）の風土に深く根ざした人と自然が調和した社会でした。

この自然と一体となったムラ社会に対して、チッソという経済成長を最優先に考える企業の論理で有害物質（メチル水銀）を共通の不知火海（水俣湾）という自然（環境）に大量にタレ流すことにより環境が破壊・汚染され、「悲惨」な水俣病患者の発生につながったのです。それは、社会（経済）―自然（環境）―生命のつながりによって生じた健康被害（図12）でした。そのことによって、水俣という辺境のムラ社会に差別を生み出し、その共同体の崩壊を招いてしまったのです。

ここで、胎児性水俣病（第3章参照）をつきとめた原田正純（1934－2012）は、ひとりひとりの人間の尊厳を等しく認めあうことが、公害による健康被害や環境汚染の防止に連なることを指摘しています。すなわち、「メチル水銀は小なる原因であり、チッソが流したということは中なる原因であり、水俣病事件発生のもっとも根本的な大なる原因は、『人を人と思わない状況』、換言すれば人間疎外、人権無視、差別という言葉で言い表される状況である」と。

ところでカーソンは、自然において生命あるものが共存していること、人間と自然が調和していること、「いのちの共生」を最も大事に考えました。それに対して『沈黙の

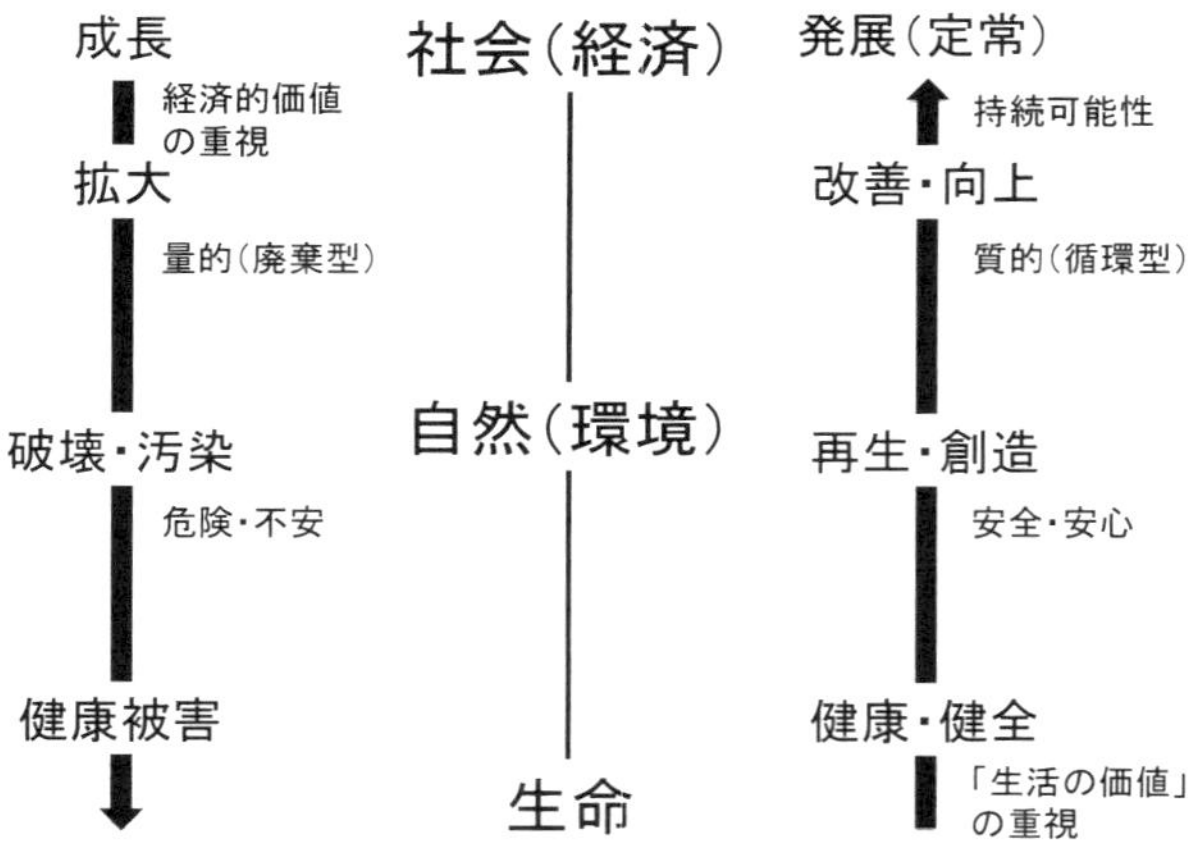

図12　経済―社会―環境―生命のつながり

春』で告発したような農薬の無分別な使用による「生命の破壊」という人間の行為を最も愚かなことだと考えました。「私たちはいま、自然界に対し技術を用いて戦っております。文明には、そのような行為が許されるのか、果たしてそれは文明の名に値するのか、これはきわめて正当な疑問であります」（上遠恵子訳）と述べ、現代文明に対する批判が彼女の思想のなかにはっきりと認められます。

すなわち、「長いあいだ旅をしてきた道」（これまでの現代文明）は、「すばらしい高速道路で、すごいスピードに酔うこともできるが、私たちはだまされているのだ。

その行きつく先は、禍いであり破滅」なのです。

明治時代初期にはじまった国内初の公害事件、足尾銅山の鉱毒事件で生涯をかけて闘った田中正造（1841－1913）は、「真の文明」は生命《いのち》よりも経済を重視するようなことはないと述べています。つまり、かれの晩年の有名な日記の一節に「真の文明は、山を荒らさず、川を荒らさず、村を破らず、人を殺さざるべし」とあります。

人はいま、この地球上に38億年続く生命の途方もないつながり「いのちの共生」のなかで、ひとりひとりがそのひとつひとつのいのちを等しく生きているのです。これに優る意味がどこにあるのでしょうか。

「未来の春」へ

前項では、社会における経済を基点とした社会（経済）―自然（環境）―生命のつながりから水俣病の発生とその健康被害をみてきました（図12）。それとは逆に、生命を基点に生命―自然―社会のつながりから「べつの道」の「行きつく先」を考えます。そのためには、これまでのような経済的な価値を最優先にする社会から「生活の価値」、つまり生命をよく活かすことを第一に考える社会への転換が必要です。

その社会では、生命と自然（環境）に配慮した生活を大切にし、定常型の経済による社会のあり方、つまり生命—自然（環境）—社会（経済）のそれぞれ調和したつながりによる社会の発展（改善・向上）がもとめられます（図12）。ここでの「定常」とは、これまでの物量的な成長ではなく質的な発展による持続可能性を意味します。

すなわち、その社会の人びとは、健康や環境への意識が高く、これまでの経済効率のみを追求する大量生産、大量消費、大量廃棄型社会ではなく、持続可能な定常型の経済のもとで、生命と環境（生態系）に調和した社会「調和型社会」を志向します。

生命—環境の調和から「健康であるとは、生態系が健全であること」、つまり人の健康は生態系（生態系サービス、表1）によって支えられています。そして、生態系が健全であることで、その環境（生態系）に支えられた社会と経済もまた健全なものになります。それはまた、環境・エネルギー効率を高めることで、資源の使用量も汚染物質の排出量も減らす循環型のクリーン経済への移行でもあります。その社会では、これまでの自然破壊や環境汚染に代わって、自然再生や環境創造がもとめられます（図12）。

かつてのアメリカや日本をはじめとする先進国や現在の新興国が、経済活動に邁進《まいしん》するあまり、それを支えている環境を顧みない「すごいスピードに酔うことのできる高速道路」を走ってきました。わたしたちはいまや分かれ道にいます。「私たち人間が、この地上の世界とまた和解するとき」カーソンのいう「べつの道」の「行きつく先」に「狂気から覚めた健全な精神」の光り出す「未来の春」をみつけなければなりません。どのような「未来の春」になるかは、わたしたちひとりひとりの「自主的判断」（第4章参照）にかかっています。

カーソンは、「私たちのすんでいる地球は人間だけのものではない」との認識のもとに、かけがえのない生命と環境を守るための、新たな可能性の探究への努力を惜しんではならないと述べています。そのためには、自由で責任のある個人である自分たちひとりひとりがセンス・オブ・ワンダー（第4章参照）の感性をはたらかせて、「生命への畏《い》敬《けい》」と自然との関係において信念をもって、定常型の経済と「調和型社会」という「分かれ道」を一歩一歩進んでいかなければなりません。

DDTなどの恐ろしい武器、すなわち科学技術に支えられた文明を手にして、その鉾《ほこ》先を「ほかならぬ私たち人間の住む地球、そのものにむけられていた」とカーソンは『沈黙の春』の最後を結んでいます。これから歩んでいく地球の「未来の春」に、生命と環境に調和した「真の文明」をわたしたちが手にしていることを願ってやみません。

おわりに――「科学を演奏する」

『沈黙の春』の「まえがき」に「仕事にとりかかってから、私を助け、はげましてくれた人は、数かぎりなく、その名をすべてここに書きつらねるわけにはいかない」「そのほかたくさんの人々のおかげをどれほどこうむったかを記して、このまえがきを終りたい。個人的には知らない人たちが大部分だが、こういう人たちがいるということに、どれほど勇気づけられたことか。この世界を毒で意味なくよごすことに先頭をきって反対した人たちなのだ」とカーソンは述べています。さらに、執筆のきっかけとなった友人ハキンズ夫人の手紙に対しては、「もし、私が沈黙を続けるなら、私の心に安らぎはありえない」とそのときの気持ちを表しています。『沈黙の春』は、膨大な労力と才能の産物であるとともに、道徳的に大きな勇気をもったカーソンの行動を象徴するものでした。

『沈黙の春』の原稿が完成に近づいたとき、「可能なことはしなければならないという厳粛な義務感に縛られていることを、私は感じています。――もし、私がいささかなりともそれを試みようとしなかったら、私は自然のなかで二度と再び幸福にはなりえないでしょう」とカーソンは親しい友人に書き送っています。すなわち、「私たちのすんでいる地球は人間だけのものではない」との認識のもとに、かけがえのない生命《いのち》と環境を守るための、新たな可能性の探究への努力を惜しんではならないと彼女は述べています。それは、同書や『センス・オブ・ワンダー』にみられる生命と環境に対する彼女の基本的な姿勢に基づいており、心のもっとも深いところにある信念でもありました。その信念は多くの人びとに理解され共感され、アメリカのオーデュボン協会やウィルダネス協会などの自然保護団体は彼女を全面的に擁護しました。

ところで、音楽家（作曲家）は音楽理論と楽譜でもって音楽を演奏することで、聴衆に理解され共感されます（図13）。それは、その時代の人びとに合った演奏ですが、クラシック音楽はいまでも演奏されています。同様に『沈黙の春』でカーソンが考えたことは、いまでも世界中の人びとに理解・共感されています。それゆえ、「環境問題の古典」とまでいわれます。科学者であった彼女は食物《しょくもつ》連鎖などの科学理論と膨大な数の論文を読んで同書を完成させました。すなわち、カーソンは『沈黙の春』で科学を演奏したといえるのではないでしょうか。そして、いまも彼女は同書を通じて科学を演奏しているのではないでしょうか。

科学者の誰《だれ》もが『沈黙の春』のような本を書くことはできません。では、どうすればカーソンのように社会の人びとから理解や共感を得ること、つまり「科学を演奏する」ことができるでしょうか。震災と原発事故を契機に、科学者は「市民との対話と交流に積極的に参加する」こと、さらに「社会に向き合う科学」がもとめられています。つまり、科学者には市民との対話、社会コミュニケーションがもとめられています。

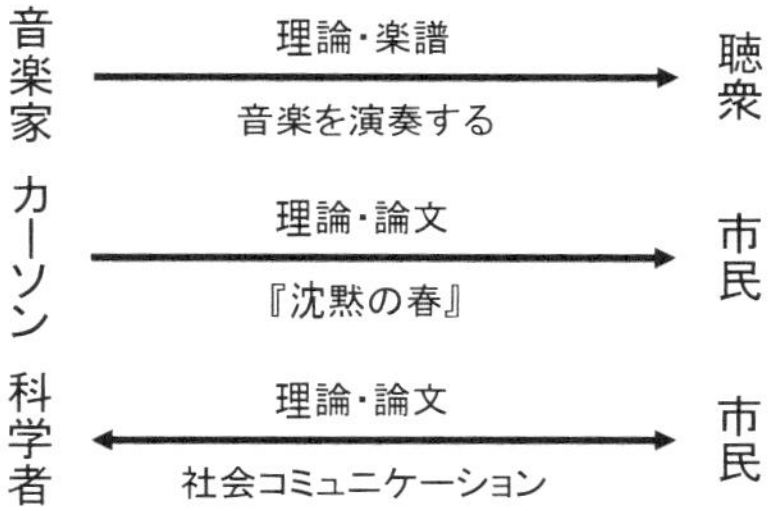

図13　科学を演奏する

人間はもともと利己的で自己中心的な存在ですが、他人に深い関心を抱き共感することができるのです。また、社会コミュニケーションによる相手との関係や共通性が深まれば深まるほど、共感も容易かつ強力に作用します。一方、自分と異質で関係が浅いままの人との間には共感は容易には成立しません。

環境問題を解決するためには、「自然と社会と生命のかかわりの理解に基づいた」研究が必要とされます（国立環境研究所憲章より）。双方向の社会コミュニケーションを通じて科学者が市民の理解・共感を得るには、まず、専門分野のキーワードではなく、「自然」「社会」「生命」のような共通に理解できるキーワードを通して研究内容を分かりやすく語ることです。そして科学者は、生活感覚（日常性）や人文的教養、「よるべき思想や倫理」（たとえば環境思想・倫理）をもつことで、社会との調和を視野に入れた「社会に向き合う科学」を市民に示さねばなりません。科学者の社会リテラシーが試されるのです。

音楽の演奏には音楽家の音楽性や人間性が表れます。科学者は、社会コミュニケーションの場で、科学性だけでなく日常性や人間性を通して市民に理解・共感される、これにより「科学を演奏する」ことができるのではないでしょうか（図13）。同時に市民は、環境問題をみずからの問題ととらえ、主体的に判断し行動するための科学リテラシー（科学的にものごとを理解する能力）を身につけることができるのです。

その一方で、科学が進歩するとは「それと同時に、われわれの物の考え方が合理的になり、同時に、だんだんと包括的というか、いろいろな考え方を調和し、それを包んで、ゆとりのある物の考え方になり、それに伴って、人間界のさまざまな矛盾とか争いというようなものも、そういうところから、だんだんと解決されて行くようになり、それで初めて人間がほんとうに進歩した、ほんとうに科学というものが生かされて来たのだ。そういうふうに私は考えている」とカーソンと同じ年に生まれた理論物理学者の湯川秀樹（1907－81）は、エッセイ「科学が生かされるということ──人間に幸福を与えるか──」（1953年）のなかで述べています。社会コミュニケーションは、この「だんだんと包括的というか、いろいろな考え方を調和し、それを包んで、ゆとりのある物の考え方」を生みだす手段でもあります。

カーソンは、社会に向けて環境問題を通じて「現代文明自体に対する危機感」を『沈黙の春』のなかではっきりと述べています。同書の「べつの道」にみられるように、人びとに新たな共通認識（共感）へといたる「対話」のきっかけを巻き起こしたといえます。一方、日本文化には「和而不同（和して同ぜず）」という考え方があります。論語の思想で、「人と調和しながらも自分の意見をはっきりと述べる」という意味です。とりわけ若い人たちには、『沈黙の春』のような古典に学んで、さらに社会コミュニケーションを通じて、現代社会で起きている環境問題をはじめあらゆることに対して、カーソンがそうであったように、信念と勇気をもって、自分の考えや意見をはっきりと述べる、そして行動することを願っています。

本書は、拙著『レイチェル・カーソンに学ぶ環境問題』（東京大学出版会）と『センス・オブ・ワンダーへのまなざし――レイチェル・カーソンの感性』（同）の内容をもとにそれらの一部を再編集し新たに書き加えたものです。詳しくはそちらをごらんください。

本書の執筆にあたり、編集部の吉澤麻衣子氏に紹介してくださった『いのちと重金属』（ちくまプリマー新書）の著者でもある東京農工大学の渡邉泉准教授に厚くお礼申し上げます。中村僚宏《ともひろ》君（高校二年）には、原稿の全部について適切なコメントをいただきました。ならびに、小神野豊（国立環境研究所高度技能専門員）と早坂はるえの両氏には、本書のために貴重な写真を提供していただきました。そして、吉澤氏には、本書の企画から原稿の執筆、編集、出版に際してたいへんお世話になりました。これらの方々に深く感謝いたします。また、原稿の細部にわたり適切なコメントをくれた甥《おい》の一宥《かずひろ》（高校一年）にも感謝します。

二〇一五年八月

多田満

【おもな参考文献】

カーソン・レイチェル、青樹簗一訳『沈黙の春』新潮文庫1974
カーソン・レイチェル、日下実男訳『われらをめぐる海』ハヤカワ文庫1977
カーソン・レイチェル、上遠恵子訳『海辺――生命のふるさと』平河出版社1987
カーソン・レイチェル、上遠恵子訳『潮風の下で』宝島社1993
カーソン・レイチェル、上遠恵子訳『センス・オブ・ワンダー』新潮社1996
カーソン・レイチェル、リンダ・リア編、古草秀子訳『失われた森　レイチェル・カーソン遺稿集』集英社2000
太田哲男『レイチェル＝カーソン』清水書院1997
筑摩書房編集部『ちくま評伝シリーズ〈ポルトレ〉レイチェル・カーソン――『沈黙の春』で環境問題を訴えた生物学者』筑摩書房2014
多田満『レイチェル・カーソンに学ぶ環境問題』東京大学出版会2011
多田満『センス・オブ・ワンダーへのまなざし――レイチェル・カーソンの感性』東京大学出版会2014

多田満「化学物質の生態影響」『日本生態学会誌』48：299-304頁　1998
多田満「R. Carson『沈黙の春』と有吉佐和子『複合汚染』にみられる化学物質の生態への影響」『文学と環境』9：47-53頁　2006
多田満「3.4.2 環境ホルモン、ダイオキシン」渡邉泉・久野勝治編『環境毒性学』朝倉書店、108-116頁　2011
多田満「R. カーソン『沈黙の春』を通してリスク社会を考える」『日本リスク研究学会誌』24（3）：185-191頁　2014
池上彰『世界を変えた10冊の本』文藝春秋2011
稲場紀久雄「日本環境文化史に関する研究（その10）地球環境問題の歴史――地球環境と未来世代の危機――」『大阪経大論集』53（5）：69－92頁 2003
枝廣淳子『レジリエンスとは何か』東洋経済新報社2015
及川紀久雄・北野大『人間・環境・安全――くらしの安全科学』共立出版2005
勝田忠広「エネルギー問題を通じた『豊かさ』の再構築」『科学』83（2）：218-223頁　2013
金森誠也監修『世界の名言１００選』ＰＨＰ研究所2007
環境庁（編）『環境白書（総説）平成2年版』1990

国土交通省土地・水資源局水資源部（編）『日本の水資源 平成22年版』海風社2010
中村桂子『科学者が人間であること』岩波新書2013
日本リスク研究学会編「[概説] リスク学の領域と方法――リスクと賢くつきあう社会の知恵」『リスク学事典 増補改訂版』阪急コミュニケーションズ、2-12頁 2006
福屋利信「1960年代のロックにおける環境意識とカウンター・カルチャー」伊藤詔子監修、横田由理・浅井千晶・城戸光世・松永京子・真野剛・水野敦子編『オルタナティヴ・ヴォイスを聴く――エスニシティとジェンダーで読む 現代英語環境文学103選』音羽書房鶴見書店、355-356頁 2011
三船康道「東日本大震災における三陸地域の復興計画の課題」『安全工学』52（3）：179-188頁 2013
毛利衛『日本人のための科学論』PHPサイエンス・ワールド新書2010
湯川秀樹、池内了編『科学を生きる 湯川秀樹エッセイ集』河出文庫2015
サン＝テグジュペリ、堀口大學訳『人間の土地』新潮文庫、39-48頁 1955
シーア・コルボーン、ジョン・ピーターソン・マイヤーズ、ダイアン・ダマノスキ、長尾力・堀千恵子訳『奪われし未来（増補改訂版）』翔泳社2001
バルサム・エラ、アンドリュー・リンゼイ著、ジョイ・A・パルマー編、須藤自由児訳『環境の

思想家たち 下――現代編』みすず書房2004

BROOKS, P. 1993. A State of Belief. In House of Life：Rachel Carson at Work. Boston：Houghton Mifflin, pp.324-327.CARSON, R. 1991. The Sea Around Us. New York：Oxford University Press.

CARSON, R.1998. The Edge of the Sea. New York：Mariner Books.

CARSON, R.1998. The Sense of Wonder（Reprint）. New York：HarperCollins Publishers.

CARSON, R. 2000. Silent Spring. London：Penguin Books.

CARSON, R. 2007. Under the Sea-Wind. London：Penguin Books.

CARSON, R., L. LEAR. ed. 1998. Lost Woods：The Discovered Writing of Rachel Carson. Boston：Beacon Press.

COLBORN, T., D. DUMANOSKI, and J.P. MYERS. 1996. Our Stolen Future. New York：Plume.

［レイチェル・カーソン年譜］

（太田1997より改変）

西暦	年齢	年譜	参考事項
1894		ロバート・ワルデン・カーソン（レイチェルの父）、マリア・マクリーン（レイチェルの母）と結婚。	
1907	0歳	5月27日、レイチェル・カーソン、ペンシルヴァニア州アルゲニー郡スプリングデールに生まれる。	
1914	7		夏、第一次世界大戦が始まり、17年にアメリカも参戦。
1918	11	『セント・ニコラス』誌9月号にレイチェルの投稿作文「大空の戦い」が銀賞を得て掲載される。	
1919	12	『セント・ニコラス』誌への作文、金賞を得る。	
1925	18	秋、ペンシルヴァニア女子大学（現チャタム・カレッジ）に入学（英文学専攻）。	
1929	22	6月、ペンシルヴァニア女子大学卒業。夏、ウッズホール海洋生物研究所で研修。ジョンズ・ホプキンズ大学大学院入学。	10月24日、世界恐慌始まる。
1932	25	海洋生物学の修士号を取得。	
1936	29	8月、公務員試験にトップ合格し、初級水産生物学者として漁業局（のちの魚類・野生生物局）に正式採用となる。この頃、勤務地に近いメリーランド州シルヴァー・スプリングに母マリアと住むようになる。	

1937	30	『アトランティック・マンスリー』誌に「海のなか」が掲載される。	
1941	34	11月1日『潮風の下で』を出版。	12月、日米開戦。
1945	38		8月、第二次世界大戦終結。
1948	41		DDT発見者にノーベル賞授与。
1951	44	7月2日『われらをめぐる海』を出版、ベストセラーのトップに。	
1952	45	公務員辞職を承認される。	アルベルト・シュヴァイツァーにノーベル平和賞授与。
1953	46	メイン州ブースベイに別荘をもつ。	
1955	48	『海辺』を出版、ベストセラーになる。	
1956	49	8月、論文「あなたの子どもに驚異の眼をみはらせよ」を発表（のちの『センス・オブ・ワンダー』となる）。	アメリカ農務省の指導の下に、マイマイガ「根絶」のため、DDTの大量空中散布実施（～57）。
1957	50	2月、姪《めい》のマージョリー死去、遺児ロジャー（5歳）を養子とする。オルガ・ハキンズから、DDTの撒布《さんぷ》による被害を訴える手紙を受け取る。	ニューヨーク州ロングアイランドで、DDT大量撒布の禁止命令を求める訴訟起こる。
1958	51	『沈黙の春』の執筆にとりかかる。12月、母マリア死去。	
1960	53	この頃、カーソンは細菌感染症に罹る。この年の終わりに、胸部にがんが発見される。	
1962	55	9月27日、『沈黙の春』を出版。	

1963	56	1月7日、シュヴァイツァー・メダルを受ける。 6月4日、環境破壊に関する上院委員会での公聴会（リビコフ委員会）に出席し、証言。 夏、メイン州の別荘で過ごす。	5月15日、（ジョン・F・ケネディ）大統領科学諮問委員会は、農薬委員会を設置。この委員会の報告書「農薬の使用」公表。 11月、ミシシッピー川で、魚500万匹が死亡。のちに、殺虫剤エンドリンによるものと判明。
1964		4月14日、メリーランド州シルヴァー・スプリングで死去（56歳）。	
1965		『センス・オブ・ワンダー』が出版される。	シュヴァイツァー死去（90歳）。

ちくまプリマー新書

029
環境問題のウソ
池田清彦
地球温暖化、ダイオキシン、外来種……。マスコミが大騒ぎする環境問題を冷静にさぐってみると、ウソやデタラメが隠れている。科学的見地からその構造を暴く。

138
野生動物への2つの視点
――〝虫の目〟と〝鳥の目〟
高槻成紀
南正人
野生動物の絶滅を防ぐには、観察する「虫の目」と、生物界のバランスを考える「鳥の目」が必要だ。〝かわいそう＝保護する〟から一歩ふみこんで考えてみませんか？

155
生態系は誰のため？
花里孝幸
湖の水質浄化で魚が減るのはなぜ？　湖沼のプランクトンを観察してきた著者が、生態系・生物多様性についての現代人の偏った常識を覆す。生態系の「真実」！

163
いのちと環境
――人類は生き残れるか
柳澤桂子
生命にとって環境とは何か。地球に人類が存在する意味、果たすべき役割とは何か――。『いのちと放射能』の著者が生命四〇億年の流れから環境の本当の意味を探る。

178
環境負債
――次世代にこれ以上ツケを回さないために
井田徹治
今の大人は次世代に環境破壊のツケを回している。雪だるま式に増える負債の全容とそれに対する取り組みがこの一冊でざっくりわかり、今後何をすべきか見えてくる。

ちくまプリマー新書

021
木のことば　森のことば
高田宏
息をのむような美しさと、怪異ともいうべき荒々しさをあわせ持つ森の世界。耳をすますと、生命の息吹が聞こえてくる。さあ、静かなドラマに満ちた自然の中へ。

043
「ゆっくり」でいいんだよ
辻信一
知ってる？　ナマケモノが笑顔のワケ。食べ物を本当においしく食べる方法。デコボコ地面が子どもを元気にするヒミツ。「楽しい」のヒント満載のスローライフ入門。

036
サルが食いかけでエサを捨てる理由《わけ》
野村潤一郎
人間もキリンも首の骨は7本。祖先が同じモグラにも処女膜がある。人間と雑種ができるサルもいる!?　――動物を知れば人間もわかる、熱血獣医師渾身の一冊！

054
われわれはどこへ行くのか？
松井孝典
われわれとは何か？　文明とは、環境とは、生命とは？　世界の始まりから人類の運命まで、これ一冊でわかる！　壮大なスケールの、地球学的人間論。

073
生命科学の冒険
――生殖・クローン・遺伝子・脳
青野由利
最先端を追う「わくわく感」と同時に、「ちょっと待てよ」の倫理問題も投げかける生命科学。日々刻々進歩する各分野の基礎知識と論点を整理して紹介する。

ちくまプリマー新書

101
地学のツボ
——地球と宇宙の不思議をさぐる
鎌田浩毅

地震、火山など災害から身を守るには？　地球や宇宙の起源に迫る「私たちとは何か」。実用的、本質的な問いを一挙に学ぶ。理解のツボが一目でわかる図版資料満載。

112
宇宙がよろこぶ生命論
長沼毅

「宇宙生命よ、応答せよ」。数億光年のスケールから粒子の微細な世界まで、とことん「生命」を追いかける知的な宇宙旅行に案内しよう。宇宙論と生命論の幸福な融合。

120
文系？　理系？
——人生を豊かにするヒント
志村史夫

「自分は文系（理系）人間」と決めつけてはもったいない。素直に自然を見ればこんなに感動的な現象に満ちている。「文理（芸）融合」精神で本当に豊かな人生を。

176
きのこの話
新井文彦

小さくて可愛くて不思議な森の住人。立ち枯れの木、倒木、落ち葉、生木にも地面からもにょきにょき。「きのこ目」になって森へ出かけよう！　カラー写真多数。

177
なぜ男は女より多く産まれるのか
——絶滅回避の進化論
吉村仁

すべては「生き残り」のため。競争に勝つ強い者ではなく、環境変動に対応できた者のみ絶滅を避けられるのだ。素数ゼミの謎を解き明かした著者が贈る、新しい進化論。

ちくまプリマー新書

193
はじめての植物学
——植物たちの生き残り戦略
大場秀章
身の回りにある植物の基本構造と営みを観察してみよう。大地に根を張って暮らさねばならないことゆえの、巧みな植物の「改造」を知り、植物とは何かを考える。

195
宇宙はこう考えられている
——ビッグバンからヒッグス粒子まで
青野由利
ヒッグス粒子の発見が何をもたらすかを皮切りに、宇宙論、天文学、素粒子物理学が私たちの知らない宇宙の真理にどのようにせまってきているかを分り易く解説する。

205
「流域地図」の作り方
——川から地球を考える
岸由二
近所の川の源流から河口まで、水の流れを追って「流域地図」を作ってみよう。「流域地図」で大地の連なり、水の流れ、都市と自然の共存までが見えてくる!

206
いのちと重金属
——人と地球の長い物語
渡邉泉
多すぎても少なすぎても困る重金属。健康を維持し文明を発展させる一方で、公害の源となり人を苦しめる。「重金属とは何か」から、科学技術と人の関わりを考える。

223
「研究室」に行ってみた。
川端裕人
研究者は、文理の壁を超えて自由だ。自らの関心を研究として結実させるため、枠からはみだし、越境する姿は力強い。最前線で道を切り拓く人たちの熱きレポート。

ちくまプリマー新書

187 はじまりの数学 野﨑昭弘
なぜ数学を学ばなければいけないのか。その経緯を人類史から問い直し、現代数学の三つの武器を明らかにして、その使い方をやさしく楽しく伝授する。壮大な入門書。

011 世にも美しい数学入門 藤原正彦 小川洋子
数学者は、「数学は、ただ圧倒的に美しいものです」とはっきり言い切る。作家は、想像力に裏打ちされた鋭い質問によって、美しさの核心に迫っていく。

215 1秒って誰が決めるの？——日時計から光格子時計まで 安田正美
1秒はどうやって計るか知っていますか？ 137億年動かし続けても1秒以下の誤差という最先端のイッテルビウム光格子時計とは？ 正確に計るメリットとは？

148 ニーチェはこう考えた 石川輝吉
熱くてグサリとくる言葉の人、ニーチェ。だが、もともとは、うじうじくよくよ悩むひ弱な青年だった。現実の「どうしようもなさ」と格闘するニーチェ像がいま甦る。

170 孔子はこう考えた 山田史生
「自分はなにがしたくて、なにができるのか」——そんな不安にも『論語』はゆるりと寄り添ってくれる。若い人に向けた、一番易しい『論語』入門。

ちくまプリマー新書241
レイチェル・カーソンはこう考《かんが》えた

二〇一五年九月十日　初版第一刷発行

著者　多田満（ただ・みつる）
装幀　クラフト・エヴィング商會
発行者　山野浩一
発行所　株式会社筑摩書房
東京都台東区蔵前二-五-三　〒一一一-八七五五
振替〇〇一六〇-八-四一二三
印刷・製本　中央精版印刷株式会社

ISBN978-4-480-68945-0 C0240 Printed in Japan

乱丁・落丁本の場合は、左記宛にご送付下さい。
送料小社負担でお取り替えいたします。
ご注文・お問い合わせも左記へお願いします。
〒三三一-八五〇七　さいたま市北区櫛引町二-六〇四
筑摩書房サービスセンター　電話〇四八-六五一-〇〇五三